JN201308

日本国際児童図書評議会（JBBY）・編

おすすめ！ 子どもの本

新しい時代をつくる 350冊

小学館

もくじ

まえがき……4

1

知らない世界をのぞく……6

・自然の不思議に目をみはる
・みんな地球に生きる仲間たち
・音・色・形・数や言葉から広がる
・旅の向こうに見えるものは?

2

時間と宇宙と不思議な世界……36

・こんな未来があったなら
・時間をさかのぼってみる
・ファンタジーや宇宙を楽しむ
・昔話・伝説・神話

3

身近なだれかによりそう……58

・家族のかたち
・こんな友だち、あんな友だち
・おじいちゃんとおばあちゃん
・ペットと暮らす
・大切な存在と出会う

4

多様性を理解する……96

- 「みんなと同じ」じゃないとダメ？
- 困難とともに生きる
- 居場所をさがして
- ジェンダーを考える

5

文化と生活に親しむ……122

- 多様な文化へのとびら
- 季節の行事・風物・暮らし
- おいしいものが食べたい！
- 本と図書館をめぐって

6

世の中を見つめる……148

- 平和な世界を求めて
- もっと知りたいSDGs
- 社会とモノの仕組みを考える
- 生と死といのち

もっと読みたい「短編集」……176

索引……182

選書・執筆チームの紹介……190

JBBY（日本国際児童図書評議会）は、IBBY（国際児童図書評議会）の日本支部として1974年に発足し、今年で50周年を迎えます。IBBYはどんな子どもでも生きやすい平和な未来を築くため、子どもの本を通して様々な国や地域との相互理解を深めようと考える国際ネットワークで、現在85の国と地域が加盟しています。

JBBYも、子どもの本を通して日本と世界の間に橋をかけるための様々な活動を行っていますが、その一環として毎年3種類のおすすめ本ブックガイドを出しています。最初は日本で出ている子どもの本を海外にも紹介したいという思いから、2015年に英語版のJapanese Children's Booksを創刊しました。その後、それを日本語でも読めるようにしてほしいという希望が出て、2018年から「おすすめ！日本の子どもの本」を出すようになり、さらに海外の文化や子どもたちのことを伝える翻訳の子どもの本についても同じようなものをというご要望から「おすすめ！世界の子どもの本」の刊行も同年に始めました。

ブックガイドのおすすめ本の選書は、子どもの本に長年携わってきた専門家が討議を重ねながら行ってきました。そして、現在までに合計1400点以上の子どもの本を絵本、読みもの、ノンフィクションに分けておすすめしています。選考委員については、本書巻末の「選書・執筆チームの紹介」をご覧ください。

　本書『おすすめ！子どもの本〜新しい時代をつくる350冊』にはそのなかから、さらに点数をしぼり、みなさんに、とてもとてもおすすめしたい児童書を、それぞれの表紙の書影や書誌事項、解説文とともに掲載しています。

　さまざまな年齢の子どもたちの心に残って好奇心や探求心や想像力の種になるような作品、そして現代を生き未来に向かう子どもたちが多様な価値観を受け入れ、自分の心で感じ自分の頭で考えるのを後押しするような作品を選んでいるつもりです。

　この中から、みなさんがそれぞれにお好きな本を見つけ、楽しく読んで、楽しく考えたり、楽しく想像の世界に遊んだりしてくださるといいな、と思っています。

2024年9月
さくまゆみこ（JBBY前会長）

1

知らない世界を
のぞく

P8　自然の不思議に目をみはる

P14　みんな地球に生きる仲間たち

P24　音・色・形・数や言葉から広がる

P32　旅の向こうに見えるものは？

自然の不思議に
目をみはる

もりはみている

大竹英洋 文・写真

福音館書店 | 2021年 | NF | 日本 | 24P | 幼児から

静まりかえった森の中、松の木の巣穴の奥からアカリスが、杉のこずえの陰か
らゴジュウカラがこちらを見ている。ヤマナラシの木の上には子グマのきょうだ
いが、そしてその下にはお母さんグマがいる。夕暮れ時、木立の向こうにたた
ずむトナカイ。夜の闇の中でフクロウの黄色い瞳が光る。こちらをじっと見つ
める彼らのまなざしに、まるで自分も一緒に静かな深い森の中で息を潜めて
立っているような気持ちになる。北米ノースウッズの森で自然とともに生きる
動物たちの姿を撮り続け、土門拳賞を受賞した作家の写真絵本。(汐﨑)

きのこレストラン

新開孝 写真・文

ポプラ社｜2018年｜NF｜日本｜35P｜幼児から

6月、公園の森に生えてきたのは、真っ赤な傘を広げたタマゴタケというきのこ。傘の裏側にあるひだの間から、小さな胞子が出ている。虫たちが寄ってきて、柔らかいひだをサクサク食べる。やがて胞子を出し切ったタマゴタケは腐り始め、今度は腐ったきのこが大好きな別の虫たちがやってくる。きのこは、虫たちのレストラン。臨場感のある鮮明な写真で、きのこを食べる虫を次々と紹介する絵本。きのこと共に生きるキノコムシの紹介もある。（代田）

たった ひとつの ドングリが

〜すべての いのちを つなぐ

ローラ・M・シェーファー、

アダム・シェーファー 文

フラン・プレストン＝ガノン 絵　せなあいこ 訳

評論社｜2018年｜絵本｜アメリカ｜32P｜幼児から

ひと粒のドングリから木が育ち、鳥が巣をつくり、種が落ち、花が咲く……。植物と動物がたがいに影響を与えあい、命の連鎖をつないでいく様子がひとつのストーリーとして簡潔に表現されている。くっきりした型抜きの形を用いた渋い色合いの絵をゆっくりめくっていくと、豊かな森の生命力が伝わってくる。巻末に、舞台となった森や生態系についての解説があり、人間にできることは何か、と問いかけている。（福本）

わたしの森に

アーサー・ビナード 文　　田島征三 絵

くもん出版｜2018年｜絵本｜日本｜32P｜幼児から

森に雪が降り積もる。わたしは雪の下で眠りながら雪の重みや春の訪れを感じている。目が覚めて、夜中に獲物を捕えてひと飲みにする。わたしはマムシ。光を見る目と温度を感じる目をもつ。毒があるけど、攻撃されなければ噛みつかない。交尾後は、都合のよいタイミングで妊娠・出産できる。雪国の廃校をよみがえらせた田島の美術館で、画家と詩人が共同展示を制作する中、この絵本も生まれた。マムシの視点から親しみと畏敬を込めて描くマムシ。用心深く森に分け入る気持ちで、自然の生態系の中に身をおくことができる。（広松）

ふゆとみずのまほう こおり

片平孝 写真・文

ポプラ社｜2019年｜NF｜日本｜36P｜幼児から

冬の寒さと水がつくる、美しく不思議な形を集めた写真絵本。どれも自然にできたものだが、実物を見ようとしても容易ではない。長年、雪や結晶の世界を撮り続けてきた作者ならではのショット。氷が溶けて花びらのように見えるアイスフラワー、湖底から出たガスが泡となって閉じ込められたアイスバブル、輝くジュエリーアイス、凍った滝など、繊細やダイナミックな造形に目を見張る。聞きなれない名前の造形がどのようにできるのか、なぜ氷は水に浮くのか、池の氷の張り方など、氷の性質については巻末で説明される。（坂口）

もりのほうせき　ねんきん

新井文彦 写真・文

ポプラ社｜2018年｜NF｜日本｜35P｜幼児から

日本の博物学の先駆者、南方熊楠が研究したことで有名な粘菌だが、その姿や生態は意外に知られていない。暗く湿った地面の下や腐った木の中で暮らす粘菌の姿は、きらびやかな宝石のように美しい。オレンジ色や乳白色に輝いたり、青紫の光を乱反射する球体。ガラスでできた花びらのようなもの。つぎつぎとカラフルに変身して成長し移動もする。その不思議な生態を、色鮮やかに映し出した、美しく華やかな生態写真絵本。（野上）

りんごだんだん

小川忠博 写真・文

あすなろ書房｜2020年｜NF｜日本｜36P｜幼児から

最初は、ぴかぴかでつやつやの赤いリンゴの写真に、「りんご　つるつる」という言葉がついている。その同じリンゴが、少しずつ変わっていき、しわしわになり、ぱんぱんになり、しなしなになり、ぐんにゃりとなり、やがて哀れな姿。作者が1年近くの間リンゴを観察して記録した写真絵本。それぞれの写真には、ごく短い言葉がついているだけだが、生きているものは時間とともに否応なく変化していくこと、そして、それを糧にしてまた次の命が育っていくことなどが、リアルな写真から伝わってくる。（さくま）

いちご

荒井真紀 作

小学館｜2020年｜NF｜日本｜32P｜小学低から

整然と並んだ300粒のイチゴのタネ、どれひとつとして同じように描かれてはいない。イチゴを食べるとプチプチ音がするのはなぜかという疑問に始まり、イチゴを育てる過程に沿って話が展開する。植物は花を咲かせ、実をつけ、タネを作って次世代に橋渡しをするという原則を、子どもが理解しやすいようにひとつひとつ順を追って伝える絵本。すぐれた観察眼を持つ作者は茎の産毛やハチの足の毛、スズメの羽毛まで生き生きと描き分けている。写真にはない絵の表現力の豊かさによって、身近なイチゴの奥深さを伝えている。（坂口）

つらら〜みずとさむさとちきゅうのちから

細島雅代 写真　伊地知英信 文

ポプラ社｜2019年｜NF｜日本｜36P｜小学低から

つららの不思議に迫る写真絵本。寒い冬に見られるつららは、どんな場所にどうやってできるのか、どうして長くなるのか、どんなふうに姿を変えていくのかを、美しい写真を使ってわかりやすく説明している。春になっても探せばつららが見られることや、1年じゅうつららが見られる洞窟の存在や、地面から生えたタケノコのような氷があることも伝えている。巻末には、冷蔵庫でつららを作る実験を紹介し、タルヒ、スガなど日本各地からつららを指す言葉を集めて地図とともに掲載している。（さくま）

小さな里山をつくる
〜チョウたちの庭

今森光彦 著

アリス館｜2021年｜NF｜日本｜88P｜小学中から

自然と人とのかかわりを写真に撮り続けている著者は、比叡山麓の棚田の一角に1000坪ほどの土地を手に入れ、畑と湿地と雑木林のある小さな里山を30年かけて作りあげた。そこにチョウが蜜を吸う花を何種類も育て、四季折々に訪れるさまざまなチョウの姿をとらえた写真絵本。チョウと食草との関係や、個性豊かなチョウの生態が鮮明な画像で紹介されている。季節の移り変わりにつれて変化する自然の美しさを味わい、小さな命を感動をもって見つめる著者のまなざしが、文章からも温かく感じられる。（福本）

はだしであるく

村中李衣 文　石川えりこ 絵

あすなろ書房｜2022年｜絵本｜日本｜36P｜小学中から

畑のスイカを食い荒らすカラスを追って、少女は慌ててはだしで駆けだす。走ろうとすると、足の裏に畑の土がぐにゃり。アスファルトの道では小石が足の裏に当たって痛い。はだしで大地を歩くと道路の王様になった気分。大きく腕を振って大股で歩く。マンホールの上は火傷しそうなくらい熱い。川の土手を一気に駆け降りて、川の中を歩く。クローズアップされた足の裏から青空を見上げるような、大胆な構図がダイナミック。少女は、肌で地球を感じ、自然や小さな生きものの命にも触れ、読者にも野生の気持ちがよみがえってくるようだ。（野上）

アマゾン川

熱帯雨林・生命の源

サングマ・フランシス 文　ロモロ・ディポリト 絵
ゆらしょうこ 訳

徳間書店｜2022年｜NF｜イギリス｜72P｜小学中から

世界一の流域面積を誇るアマゾン川の、さまざまな魅力を余すところなく伝える絵本。水蒸気が空中を上流に向かって流れるというアマゾン川の不思議な特徴から、アマゾンカワイルカなどの固有種、先住民、伝説、環境破壊と保護まで、アマゾン川を多角的に深く知ることができる。巻末にある探検家・関野吉晴の解説には、先住民の環境を守る暮らし方や、焼き畑農業とプランテーションの違いなどの説明もある。緑と赤が基調のくっきりとした絵は、熱帯雨林のむせかえるような空気感と生命の力強さをしっかり伝える。（坂口）

マダガスカルのバオバブ

堀内孝 文・写真

福音館書店｜2023年｜NF｜日本｜44P｜小学中から

アフリカ大陸の南東にある島国マダガスカルに生える全8種類のバオバブを訪ね、その姿と、バオバブと密接に結びついた人びとの暮らしを写真で伝える絵本。バオバブは樹皮も葉も果実もいろいろな用途に利用できることから「森の母」と呼ばれたり、長寿の巨木は精霊がすむとしてあがめられたりもする。大きな木陰は人びとに憩いの場所を提供する。しかし、近年は農園や畑にするため切り倒されて、種によっては絶滅も危惧されている。文章はわかりやすく、さまざまなバオバブの不思議な姿を伝える写真も見応えがある。（さくま）

黒部の谷の小さな山小屋

星野秀樹 写真・文

アリス館｜2023年｜NF｜日本｜44P｜小学中から

6月、黒部の谷で山小屋作りが始まる。冬は雪に押しつぶされないように、小屋を解体して部材をトンネルにしまっておくのだ。柱を立て、壁を入れ、屋根をのせて3日で阿曽原温泉小屋が完成する。10月は、大勢の登山客が黒部の谷に訪れるいちばんにぎやかな季節。山小屋でひと休みして風呂に入り、おいしいカレーを食べ、足の疲れを癒やす。11月、白い霜がまわりを覆い始めると、小屋じまい。「また来年」と笑顔で谷を離れる。夏から秋の黒部の美しい自然と、小屋に集まる人びとの姿を鮮やかに伝える写真絵本。（汐﨑）

写真科学絵本　ひとすじの光

ウォルター・ウィック 文・写真　**千葉茂樹** 訳

佐藤勝昭 監修

小学館｜2019年｜NF｜アメリカ｜40P｜小学高から

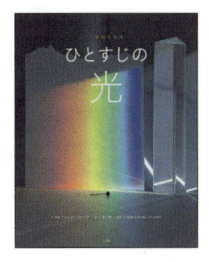

熱が生む光「白熱光」は、光の源（光を出すもの）の温度が高くなるにつれ色が白くなる。それを証明するために、ろうそくの光と、電球のフィラメントに電気が流れ発熱して出る光と、太陽の光の3種で、同じティーカップを照らしてみる。すると、太陽に照らされたものがいちばん白いのがわかる。こんな風にシンプルな実験の写真を使って、複雑で難しい光のメカニズムを視覚的に伝えようと試みた1冊。光の波長、屈折、赤・緑・青の光を重ねると色が消えて白くなる現象などが、美しい写真で紹介される。（代田）

フェルムはまほうつかい

スギヤマカナヨ 文・絵　**畠山重篤** 原作

小学館｜2018年｜NF｜日本｜32P｜小学高から

フェルムとは、ラテン語で「鉄」という意味。畠山さんは、宮城県気仙沼湾で養殖業を営み、1989年から「森は海の恋人」を合言葉に植林活動を始め、森林や湿地帯で生まれるフルボン酸鉄が海の植物プランクトンや海藻の成長に大きく関わっていることを知る。畠山さんの著書『鉄は魔法使い』などでイラストを描いたスギヤマさんが、それを子どもたちにも理解しやすいように、生命の誕生に関わり動植物の命をはぐくむ鉄の魔法を絵解きした画期的な絵本。（野上）

みんな地球に 生きる仲間たち

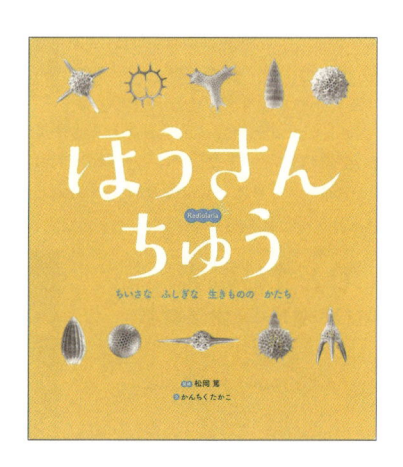

ほうさんちゅう
〜ちいさなふしぎな生きもののかたち

かんちくたかこ 文
松岡篤 監修

アリス館｜2019年｜NF｜日本｜36P｜幼児から

放散虫とは、海をただよって暮らす、全長数ミリほどの単細胞の原生生物。5億年前から世界じゅうの海にいるが、その骨格は複雑で美しく、驚くほど多様な形をしている。ロケット、蜂の巣、メガネなどにも見える骨の形を、電子顕微鏡で拡大し、黒地に白で浮かび上がるような印象的な写真で紹介する。自然が作り上げたデザインに見入った後で、これらがガラスと同じ物質でできていることを知り、二度驚く。巻末には生態や調査の詳しい解説も。ビジュアルで知識欲を刺激する、構成も新鮮な科学絵本。（広松）

けもののにおいが
してきたぞ

ミロコマチコ 作・絵

岩崎書店｜2016年｜絵本｜日本｜32P｜幼児から

草花が生い茂り、樹木が覆いかぶさる獣道に、
正体不明の獣の黒い影が目を光らせる。岩た
ちがごろごろ転がり、道がうなり声をあげ、怪
鳥が飛び、草も木も震えている。大胆な筆使いによる濃密な場面展開の中から、
得体のしれない野獣たちの臭いが立ち上がってくる。野生の生命力にあふれた強
烈な絵本。（野上）

つちはんみょう

舘野鴻 作・絵

偕成社｜2016年｜NF｜日本｜40P｜幼児から

昔、この虫の仲間を粉にして毒薬に使ったというヒ
メツチハンミョウの生涯を追った昆虫の観察絵本。
1ミリにも満たないケシ粒のような幼虫は、寄生す
るハナバチの巣を目指して決死の旅に出る。といっ
ても、自分から遠くまで移動できないから、様々な
虫たちに付着して寄生先を探すのだ。4000匹生
まれても成虫になれるのは1、2匹。その不思議な生態をミクロの世界まで迫って、
微細に描きだした大型絵本であり、細密な絵の迫力に圧倒される。
（野上）

うみのダンゴムシ
やまのダンゴムシ 増補版

皆越ようせい 写真・文

岩崎書店｜2020年｜NF｜日本｜36P｜幼児から

子どもの低い視線ほど見つけやすいダンゴムシ
は、毒もなく、臭いもせず、かみつくなどの攻撃
もしないので、親しみやすい生きもの。名前に
ムシとつくが、昆虫ではなくエビやカニの仲間。ダンゴムシの本を何冊も出してい
る著者が、浜辺や山、町で見つけたダンゴムシを鮮明なカラー写真で紹介する絵
本。目の覚めるような青、白黒のパンダ柄と、色も柄もさまざま。昆虫の死骸などを
食べる自然界の「そうじ屋」としての生態も紹介する。ダンゴムシはまだわからない
ことも多く、増補版は巻末の解説を充実させている。（坂口）

虫のしわざ探偵団

新開孝 写真・文

少年写真新聞社｜2018年｜NF｜日本｜48P
｜小学低から

果樹園や雑木林に囲まれた家に住んでいる著者
が、家の周りの葉っぱに穴があけられていたり、壁
にどろが固まってついていたりする現象を見つけ、「だれのしわざか」を探偵する写
真絵本。例えば、クズの葉っぱのへりにかじった跡があるのはクズノチビタマムシの
しわざ。虫の生態によって葉っぱの食べられ方が違うことがわかり、身の周りに多く
の種類の虫が存在することがわかる。写真や観察の道具のていねいな紹介もあり、
自分でも観察してみたくなる。（土居）

森のおくから

～むかし、カナダであったほんとうのはなし

レベッカ・ボンド 作　もりうちすみこ 訳

ゴブリン書房｜2017年｜絵本｜アメリカ｜36P｜小学低から

アントニオの母親は、カナダの森の中の小さな町でホテ
ルを経営している。アントニオの友だちはホテルで働く
大人たち。森には野生動物がたくさんいるが、人間の
前にはあまり姿を現さない。ある時、山火事が起こり、
湖の中に避難したアントニオは不思議な光景を目にする。大きな獣も小さな獣も
次々に森から出てくると、人間のいる同じ湖の中に入ってきたのだ。作者の祖父の
実体験を下敷きに、さまざまな人間とさまざまな動物が共有した特別なひとときを
描いている。（さくま）

ぼくとお山と羊のセーター

飯野和好 作

偕成社｜2022年｜絵本｜日本｜32P｜小学低から

1950年代中頃、埼玉県秩父のたった3軒しか家がな
い山間の集落で小学生時代を過ごした作者は、家で
飼っていたヒツジの毛でセーターを編んでもらうのを楽
しみにしていた。春はヒツジやニワトリの世話、夏は家
の中で飼っているカイコの餌に桑の葉を採り、秋には干
し柿をつるし、冬は薪取りに行き雪の中でそり遊び。山
里での四季折々の自然を背景にした自給自足の暮らし
ぶりが、少年の目を通して微細に描写されていく。春、毛糸屋さんがヒツジの毛を
刈って糸にし、セーターができあがった喜びが情感豊かに伝わってくる。（野上）

ちいさなハンター
ハエトリグモ
坂本昇久 写真・文

ポプラ社｜2019年｜NF｜日本｜36P
｜小学低から

注意さえすれば身近でよく見かける小さなハ
エトリグモ。普通のクモのように糸を張って
獲物を捕らえるのではなく、8つもある丸い目でハエなどの小さな虫を見つけると、素早くジャンプして捕まえて食べる。近くで見るとカニのようだが、アップされた写真はまるで怪獣。さらにアップするとフクロウにも見える。産卵の相手を求める求愛ダンスは命がけで、メスが気に入らないとオスを食べてしまうこともある。身近な小さな命の不思議な生態と誕生の神秘まで、肉眼では見えない微細な世界を紹介した驚異の写真絵本。（野上）

やまの動物病院
なかがわちひろ 作・絵

徳間書店｜2022年｜読みもの｜日本｜64P｜小学低から

町はずれにある小さな「まちの動物病院」。小さな町
なのでけがや病気でやってくる動物は少なく、獣医の
まちの先生はネコのとらまると一緒にのんびり暮らし
ている。夜になり、まちの先生が眠りにつくと、とらま
るが先生になって「やまの動物病院」に早変わり。コ
ンコン咳が止まらない子ギツネ、穴の掘りすぎで手が
荒れたモグラ、喉を傷めたカッコウ、木の実をつめこ
みすぎて口内炎になったリスなど、昼間とは打って変わって、次々と患者が訪れる。
「やまの動物病院」を訪れる患者たちの症状は、それぞれの動物の特徴をふまえ
て考えられているのが楽しい。それを大真面目に治療するとらまる先生も愉快。あ
る日、まちの先生のもとに歯がぐらぐらして痛がっている犬のジュリアが連れてこら
れるが、飼い主が抜くのをためらったため、ひと晩あずかることに。その夜「やまの
動物病院」のとらまる先生のところに、ガラス瓶から頭が抜けなくなったカモが
やってくる。動物たちみんなで手伝って、瓶からカモの頭を引っ張り出したどさくさ
にまぎれ、ジュリアの歯も無事抜ける。すべてのページに添えられたイラストは著者
自身によるもの。登場人物たちの表情が生き生きして魅力的で、特にジュリアの歯
が抜ける場面は必見。まちの先生ととらまるの穏やかな日常の様子もほほえまし
く、心が和む。（笹岡）

地球のことをおしえてあげる

ソフィー・ブラッコール 作　横山和江 訳

鈴木出版｜2021年｜NF｜アメリカ｜73P｜小学低から

宇宙から地球にやってくるだれかに、地球を知らせるために詳しく手紙を書くクイン。子どもらしい視点で地球について一生懸命伝えようとする様子が楽しい。人びとの生活や自然の移り変わり、学校のこと、文化や芸術、そして目に見えない気持ちや病気までさまざまなものを取り上げていく。民族の違いや、指文字や点字を使う人がいることなどにも触れ、自然の豊かさやさまざまな生きもの、人間が創造したモノから目に見えない精神性に至るまでその多様性を描きつくす。色鮮やかで親しみやすい絵で地球の豊かさを教えてくれる絵本。（神保）

ナマコ天国

本川達雄 作　こしだミカ 絵

偕成社｜2019年｜NF｜日本｜44P｜小学低から

目も耳も鼻もなく、心臓もなければ脳もない。ナマコはナイナイ尽くしの生物。こすると溶けてしまうが、数週間で元どおり。まっぷたつにされても2匹になるだけ。逃げも隠れも戦いもせず、砂だけ食べて排泄をする。生物の概念を覆すような動物だが、多角的な解説から、自分とはまったく異なる存在と生き方を知り、敬うことの大切さが伝わる。作者は『ゾウの時間ネズミの時間』で知られる生物学者。大胆な筆致の絵には、画家のナマコへの愛情と敬意がこもっている。巻末にナマコの歌の楽譜つき。（広松）

イワシ～むれでいきるさかな

大片忠明 作

福音館書店｜2019年｜NF｜日本｜28P｜小学低から

イワシの産卵時期は冬から春の間。1匹の雌はひと晩に何万個もの卵を産むが、海にはイワシの天敵がたくさんいる。生きのびられる子どもはほんのわずか。危険を乗り越えて成長したイワシたちは群れをつくる。群れで生きることは、小さく弱いイワシが厳しい自然の中で命をつなぐための本能、知恵なのだ。生物や科学の図鑑の絵を手がける作者が、青一色の海を舞台に、イワシの生態を緻密な描写で迫力いっぱいに描く。生命が誕生し、成長し、つながることの大切さを伝える科学絵本。（汐﨑）

もぐらはすごい

アヤ井アキコ 著　川田伸一郎 監修

アリス館｜2018年｜NF｜日本｜32P｜小学低から

モグラは、一生のほとんどを地下で生活する。生きて
動いているモグラを見たことのある人は少ないだろう。
でも、森や林、畑や田んぼ、公園や学校の中庭で盛り
上がった土を見つけたら、近くにモグラがいる可能性
が高い。本書は、土を掘るのに適したモグラの手、トン
ネルの暮らしに便利な体毛、しっぽ、耳の穴、暗闇でエサとなるミミズや危険を感知
できる「アイマー器官」など、モグラの身体の仕組みや生態を温かみのある絵で詳し
く紹介する。（代田）

昆虫の体重測定

吉谷昭憲 文・絵

福音館書店｜2018年｜NF｜日本｜40P｜小学中から

著者は、電子天秤を使ってテントウムシの重さをはかる
と、0.05ｇ、つまり切手1枚と同じ重さであることを発
見し、それからヤブカ、カブトムシ、チョウなどの虫の体
重測定に夢中になる。次に著者は、テントウムシの個体
差による重さの違い、チョウの種類、カブトムシなどの
幼虫と成虫での体重の違いを調べていく。昆虫の重さ
をはかりながら、その生態に迫っていく過程が興味深く、写実的な絵は昆虫の魅
力を存分に伝えている。（土居）

わたしたちのカメムシずかん
～やっかいものが宝ものになった話

鈴木海花 文　はたこうしろう 絵

福音館書店｜2020年｜NF｜日本｜40P｜小学中から

カメムシは触ると臭いから嫌いという人も多い。ところ
が、この嫌われ者の虫に夢中になり、もっともっと知り
たくなり、1年間に35種類も集めて自分たちでカメムシ
図鑑まで作り、やがてカメムシは宝だと言うようになっ
た子どもたちがいる。この絵本は、岩手県の山あいに
ある小さな小学校での実話に基づき、どうしてそんなことになったのかを楽しい絵
とわかりやすい文章で紹介している。カメムシにはさまざまな種類があることもわ
かるし、カメムシはどうして臭いのか、どうして集まるのかについても、説明されて
いる。（さくま）

草はらをのぞいてみれば
カヤネズミ
〜日本でいちばん小さなネズミの物語

福田幸広 写真　ゆうきえつこ 文

小学館｜2022年｜NF｜日本｜40P｜小学中から

この写真絵本の主役はつぶらな瞳でこちらを見つめるカヤネズミ。日本一小さなネズミだ。草はらがすみかで、冬眠せず、1年じゅう繰り返し子どもを産み育てる。草の葉で器用にボール形の巣をいくつも作り、その中で出産、子育てをする。嵐やカマキリなどの捕食者から子どもを守るため、巣から巣へ子どもをくわえてせっせと移動する。生後18日で子どもは巣立つ。これらを5年の歳月をかけて撮影したみずみずしい写真は、知られざる生態をしっかり伝える。人間の生活変化による草はらの減少は絶滅の恐れを高めている。（坂口）

この世界からサイが
いなくなってしまう
〜アフリカでサイを守る人たち

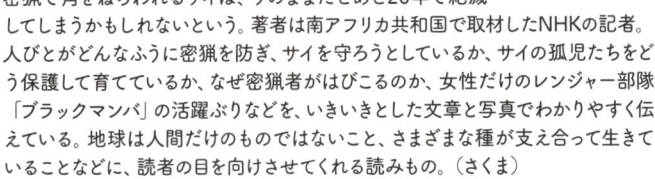

味田村太郎 文

Gakken｜2021年｜NF｜日本｜120P｜小学中から

密猟で角をねらわれるサイは、今のままだとあと20年で絶滅してしまうかもしれないという。著者は南アフリカ共和国で取材したNHKの記者。人びとがどんなふうに密猟を防ぎ、サイを守ろうとしているか、サイの孤児たちをどう保護して育てているか、なぜ密猟者がはびこるのか、女性だけのレンジャー部隊「ブラックマンバ」の活躍ぶりなどを、いきいきとした文章と写真でわかりやすく伝えている。地球は人間だけのものではないこと、さまざまな種が支え合って生きていることなどに、読者の目を向けさせてくれる読みもの。（さくま）

草木とみた夢 〜牧野富太郎ものがたり

谷本雄治 文　大野八生 絵

出版ワークス｜2019年｜NF｜日本｜32P｜小学中から

「日本の植物学の父」といわれる植物学者、牧野富太郎は江戸時代末に高知に生まれ、幼い頃から草や木が大好きだった。この植物はなんだろう、という好奇心を原点に、富太郎は植物の研究者になった。小学校を中退したが、独学で植物について学び、78歳で『牧野日本植物図鑑』を完成した後も、94歳で死ぬまで研究を続けた。信じること、好きなことを貫いた人生、その人柄がやわらかな色調の絵から伝わる伝記絵本。巻末には年表・解説など業績や人生を知る資料も充実。（汐﨑）

動物なぜなに質問箱

小菅正夫 文　あべ弘士 絵

講談社｜2021年｜NF｜日本｜64P｜小学中から

日本最北の旭山動物園を再建した元園長と元飼育員の最強コンビが、子どもからの素朴な質問に答える。動物の生態を深く理解する著者が10の質問に答えているのだが、その内容は予想外の展開を見せて楽しい。キリンはどうやって寝るかという質問には、キリンが寝る時間から人間の寝姿とベッドの細菌にまで話がおよぶ。ハダカデバネズミはなぜ長寿なのか、ライオンのオスはなぜ狩りをしないのかなど、その回答から人間も生物のひとつであるというメッセージが伝わってくる。絵も、動物の特徴をしっかりとらえている。〔坂口〕

オオムラサキと里山の一年
〜夏の雑木林にかがやく、日本の国蝶

筒井学 写真・文

小学館｜2022年｜NF｜日本｜40P｜小学中から

日本の国蝶とされるオオムラサキ。夏に交尾、産卵、ふ化し、脱皮しながら4齢幼虫になると落ち葉の裏で越冬し、春に6齢幼虫からサナギになる。このように1年かけてゆっくりと成長し、夏の初めにようやく羽化する。様々な天敵から逃れて、里山の雑木林でたくましく生きる成長の過程をとらえた写真絵本。羽化の様子を映し出した6枚の連続写真や1齢幼虫のふ化の写真が美しい。〔坂口〕

自然を再生させた
イエローストーンのオオカミたち

キャサリン・バー 文　ジェニ・デズモンド 絵

永峯涼 訳　幸島司郎、植田彩容子 監修

化学同人｜2021年｜NF｜イギリス｜48P｜小学中から

アメリカのイエローストーン国立公園では、人間によるオオカミの乱獲が生態系を壊した。そこで科学者たちは自然の再生のため、70年ぶりにカナダから14頭のオオカミを連れてきて放した。オオカミの再導入が、逆ドミノ倒しのように生態系を次々に再生していく過程が、画面いっぱいに描かれた魅力的な絵と詳細な説明で紹介されていく。初めに連れてこられた14頭のオオカミの特徴を描き分け、書き添えられたそれぞれの行く末に著者の愛情を感じる。人間と自然の関わり方を深く考えさせるきっかけになる絵本。〔坂口〕

先生、ウンチとれました
～野生動物のウンチの中にある秘密

牛田一成 著　中島良一 絵

さ・え・ら書房｜2019年｜NF｜日本｜162P｜小学高から

著者は野生動物のウンチの研究者。ウンチに含まれる腸内細菌を調べ、絶滅危惧種を守ろうというのだ。研究には、出したてホヤホヤのウンチが必要。アフリカの森で、嗅覚を研ぎ澄ましウンチの温度を測りながら、ゾウやゴリラの新鮮なウンチを採集する。腸内細菌を培養するために自分の腹に容器を張りつけて19時間も温めたり、ニホンライチョウのウンチをとるため吹雪の中に立ち尽くしたり、現地調査はなかなか思いどおりに進まない。そんな苦労をしながらも心弾む研究の様子を熱く伝える読みもの。（坂口）

ライチョウを絶滅から救え

国松俊英 著

小峰書店｜2018年｜NF｜日本｜176P｜小学高から

南アルプスや北アルプスなど、高山帯に住むす鳥ライチョウが今、絶滅の危機にさらされている。生態系の変化、地球温暖化の影響などによって彼らを取り巻く環境が日々厳しくなっているのだ。鳥類学者の中村浩志は、ライチョウを日本の山岳における生態系の需要な鍵ととらえ、長年その研究と保護に力を注いできた。そして2013年から始めた高山帯でヒナを守る「ケージ保護」の成果があがりつつある。ライチョウを通して自然環境を知り、自然との向き合い方を考えることの大切さを訴える記録文学。（汐﨑）

クマが出た！　助けてベアドッグ
～クマ対策犬のすごい能力

太田京子 著

岩崎書店｜2021年｜NF｜日本｜156P｜小学高から

ベアドッグは、人にはクマの存在を教え、クマにはほえて追い払う職業犬。アメリカからやってきたベアドッグとともに活動するのは、長野県のNPO法人でハンドラーと呼ばれるクマの専門家。取り組みの目指すところは、人里に現れたクマを殺すのではなく、クマと人間のすみ分けをうながして共生すること。ツキノワグマには人里はこわいと教えて、山へ帰す教育を続ける。人間にも自分の行動に注意を払うよう働きかける。教育という時間のかかる方法でクマと人間を保護する活動から、共生のありかたを考えさせる読みもの。（坂口）

人生で大事なことはみんなゴリラから教わった

山極寿一 著

家の光協会｜2020年｜NF｜日本｜224P｜中学生から

40年間のゴリラの研究を通して人間の生き方について考えたことをまとめた読みもの。「ゴリラとの出会い」「ゴリラから教わったこと」「君たちはどう生きるか?」など、全10章で語られている。アフリカのジャングルでゴリラと一緒に生活した著者は、ゴリラは対等で平和な社会を保つために、近距離で顔と顔を近づけていることに気づいた。子育てや、オスとメスの関係、けんかの仕方、友だちのつくり方などは、コミュニケーションの取り方に戸惑う思春期の読者にたくさんのヒントとエールを送ってくれる。〔坂口〕

ゲッチョ先生と行く
沖縄自然探検

盛口満 著

岩波書店｜2021年｜NF｜日本｜254P｜中学生から

夏休みに、沖縄のおじさんを東京のめいとおいが訪ね、沖縄本島、与那国島、石垣島、西表島、宮古島を巡りながら、自然の魅力を紹介してもらうというスタイルの読みもの。著者の手による絵も、ヤンバルクイナ、ホルストガエル、イリオモテヤマネコなどの天然記念物ばかりでなく、さまざまな植物、昆虫、鳥、ジュゴン、動物の骨までもがリアルに描き込まれ、圧倒される。巻末には350余種の「生き物索引」があり、目当ての生物を探しやすい。自然を満喫し、一味違った沖縄を存分に知ることができる。〔坂口〕

たいこ

樋勝朋巳 作・絵

福音館書店｜2019年｜絵本｜日本｜24P｜幼児から

太鼓がひとつ。「トン　トン　トトトン」とひとりがたたいていると、「なかまに　いれて」とだれかがやってくる。ふたりで「トントン　ポコポコ」とたたいていると、まただれかがやってくる。仲間が4人にふえて盛り上がっていると、「うるさいぞー　ガオー」とワニがやってきて、みんな逃げてしまう。でも、ワニもちょっとたたいてみたところ、あらおもしろい。音を聞いて、さっきの仲間が徐々に戻ってくる。ひとりひとりの音が重なって、最後はみんなで「トン　ポコ　ペタ　ボン　ガオー　ゴン」。太鼓を打つ楽しさが伝わってくる。（さくま）

どちらがおおい？
かぞえるえほん

村山純子 著

小学館｜2020年｜絵本｜日本｜24P｜幼児から

説明の文章には点字が添えられ、絵には立体的なふくらみや、つるつる、ざらざらといった表面の加工が施されている。ページごとに、長い鉛筆と短い鉛筆、丸いクッキーと四角いクッキー、種のついたスイカなどがカラフルに並び、「どちらの かずが おおいかな？」「たねが 10この スイカは なんきれ ある？」とクイズ形式で楽しむことができる。視覚障害があってもなくても数えられ、年齢を問わずいろいろな味わい方ができるユニバーサルデザインの絵本。ほかに同じ作者の『さわるめいろ』などがあるシリーズ4作目。（奥山）

いろがみえるのはどうして？

キャサリン・バー 作　ユリア・グウィリム 絵

千葉茂樹 訳

小学館｜2019年｜NF｜イギリス｜24P｜幼児から

色のしくみを「ひかりは なにかに ぶつかると、はねかえされたり まげられたり すいこまれたりする。すると そこに いろが うまれるんだ」というように易しい言葉と絵で説明したノンフィクション絵本。人間の目の働き、生きものによって違う色の見え方、空や雪や草や血がそれぞれの色に見える理由、目立った色の動物や色を変化させる動物、発光する生きものなどについても述べている。巻末に用語解説もある。色について端的にわかりやすい言葉で説明されており、絵は読者の理解を助け、色の持つイメージを伝えている。（土居）

まるのおうさま

谷川俊太郎 文　粟津潔 絵

福音館書店｜2019年｜絵本｜日本｜24P｜幼児から

お皿が自分は世界一丸くて、丸の王様だと言ったとたん、棚から落ちて粉々になる。それを見たシンバルが自分が王様だと言うと、自動車の車輪がシンバルをひきつぶす。コンパス、オレンジ、レコードなどが、丸の王様であることを主張するが、地球が「おうさまなんていらない」と言う。最後は、「まるをかいてみよう じぶんのまるを」という言葉と、墨で描いた自由で個性的な丸の絵で終わる。丸の美しさ、不思議さ、自由さが、赤、青、ピンクなどの原色を使ったデザイン的な画面から伝わってくる。（土居）

よるのおと

たむらしげる 著

偕成社｜2017年｜絵本｜日本｜32P｜幼児から

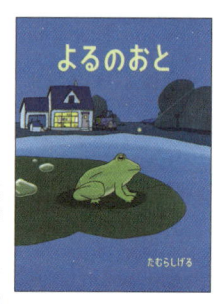

夏の夜、池のほとりを歩く男の子がおじいちゃんの家に
着くまでを描いた数十秒のドラマ。足元で虫が鳴き、遠
くから列車の汽笛が聞こえる。ハスの葉からカエルが
池に飛び込むと、水面に銀河のように波紋が広がる。
作者が9歳のときに衝撃を受けたという芭蕉の句「古
池や　蛙飛びこむ　水の音」が構想のもととなり、60
年をかけて絵本に結晶させた。生命が息づくページが五感に語りかける。JBBY賞
（イラストレーション部門）受賞作。（広松）

つるかめつるかめ

中脇初枝 文　あずみ虫 絵

あすなろ書房｜2020年｜絵本｜日本｜32P｜幼児から

ごろごろ雷が鳴ったら「くわばら　くわばら」。ぐらぐ
ら地震がきたら「まじゃらく　まじゃらく」。不安なと
きや怖いとき、人びとが唱えてきた7つのおまじな
いを紹介。コロナ禍で不安を抱えている子や大人
に寄り添い、勇気づけたいと出版された。厳しい自
然と共存してきた地方に昔から伝わるものから、作者自身が幼い頃から支えられ
てきた「だいじょうぶ　だいじょうぶ」まで、おまじないを唱える場面が、短い言葉と
ともにテンポよく展開する。アルミを切ってコラージュする、ユニークな技法のプリ
ミティブな印象の絵が、おまじないと響き合う。（広松）

ヒキガエルがいく

パク・ジョンチェ 作

申明浩、広松由希子 訳

岩波書店｜2019年｜絵本｜韓国｜50P｜幼児から

まず表紙のヒキガエルの目に引きつけられる。
ページをめくると太鼓の音が響き始める。「ト
ン」「トトン」とヒキガエルが現れ、それがあちこちから集まって「ドンドン　ダンダン
ドンドン　ダンダン」と障害物を乗り越え進んでいく。その数はますます増え、池ま
でくると「ワラワラワラワラ」と水に入り、「ピタ」と止まる。そして産卵が始まり、お
びただしい数の卵が藻の間に光る。迫力のある絵に太鼓の音が寄り添い、強烈な
生命力を表現する。巻末に「ヒキガエルがいく」という詩が掲載され、詩とそれぞ
れのページが呼応していることがわかる。（神保）

もみじのてがみ

きくちちき 作

小峰書店｜2018年｜絵本｜日本｜32P｜幼児から

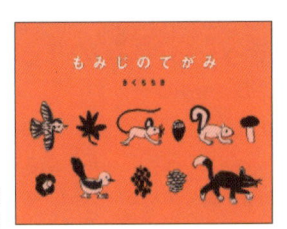

向こうの山から届けられた「もみじのてがみ」は、雪の前触れ。ネズミは、リスやヒヨドリと連れ立って自分たちの山の中へもみじを探しに出かける。赤いものを見つけたと思ったら、きのこだったり、ツバキだったり。なかなか見つからずしょげていたが、ついに一面もみじの真っ赤な景色に出会う。のびのびと自由な筆致で描く動物たちがいきいきと愛らしい。色数を抑えた水彩のにじみ、とりわけ赤が美しい絵本。装丁や印刷にも注目。（広松）

せん

スージー・リー 作

岩波書店｜2018年｜絵本｜アメリカ｜38P｜幼児から

最初の見返しには、鉛筆と消しゴムが置かれた白い紙がある。本文が始まると、ひとりの少女がスケートをする姿が描かれる。氷上のスケートの軌跡は鉛筆の線。ところが少女は転倒する。倒れた少女の心理は、描いていた紙が丸められた様子で表現され、紙が広げられると、仲間がやってきて一緒にスケートを楽しむ。氷上の軌跡は、今度は消しゴムで描かれる。最後の見返しには、だれもいない氷の池。モノクロの美しさとともに、絵を描く行為とスケートをする行為に共通する意味を読者に考えさせる点がユニークな文字なし絵本。（土居）

あおのじかん

イザベル・シムレール 文・絵　石津ちひろ 訳

岩波書店｜2016年｜絵本｜フランス｜40P｜幼児から

太陽が沈んでから夜がやってくるまでの「青の時間」には、青い色の生き物たちが、いっそう美しくなる。この絵本は、世界各地にいるアオカケス、アオガラ、モルフォチョウ、ヤグルマギク、ブルーモンキーといった、青い色の（あるいは青く見える）小鳥、獣、カエル、チョウ、花、虫、水鳥などを、シンプルな言葉とともに次々に紹介していく。読者は、さまざまな色調の青い色を体験できる。最後は、夜の闇がすべてを包み込む場面で、生き物たちはシルエットになっている。（さくま）

まっくらやみのまっくろ

ミロコマチコ 作

小学館｜2017年｜絵本｜日本｜36P｜幼児から

暗闇の中、自分が何者だかわからない「まっくろ」。体の中から熱い力がわいてきて、姿を変えていく。白い角がはえてサイになったかと思うと、ブツブツが現れてホロホロチョウになり、足がはえてカメのようにもなる。周囲も変化し、土、水、光があふれてくる。やがて首が伸びて緑色のキリンになった後、真っ赤な花を咲かせる。激しい筆致で読者の感覚にうったえる、生命の絵物語。植物のメタファーに重ねて、動物的なメタモルフォーゼが衝撃的。連綿と続く生命力を感じ、希望の種子が読後に残る。（広松）

うるさく、しずかに、ひそひそと
〜音がきこえてくる絵本

ロマナ・ロマニーシン、アンドリー・レシヴ 著

広松由希子 訳

河出書房新社｜2019年｜NF｜ウクライナ｜56P｜小学低から

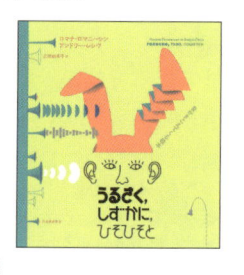

ウクライナの新進ユニットが音を絵で表現した意欲的な絵本。人の声や歌、楽器の音、街の騒音、自然の中で耳をすますと聞こえる音など、身の回りのさまざまな音を、蛍光色を使った鮮やかなグラフィックで表現している。ページをめくるごとに変わる斬新なデザインに引き込まれ、見ることによって音を感じるという刺激的な体験ができる。視覚をテーマにした姉妹編の『目で見てかんじて』と同時に注目を集めた。（福本）

オーケストラをつくろう

メアリー・オールド 文　エリーサ・パガネッリ 絵

いわじょうよしひと 訳

ＢＬ出版｜2020年｜NF｜イギリス｜48P｜小学低から

ロンドン交響楽団の指揮者サイモン・ラトルが、弦楽器、木管楽器、金管楽器、打楽器、その他の楽器の順に演奏者のオーディションをしていく。その過程で、楽器の名称や音の特徴や演奏方法などが説明される。各ページに「聴いてみよう」コーナーがあり、付録のＣＤで楽器の特徴が感じられる短い曲が聴けるようになっている。多様な文化的背景を持つ人びとが自由な服装でオーディションに参加し、最後は全員が黒い服を着て「ボレロ」と「田園」を奏でる。オーケストラの説明がわかりやすく、音楽の魅力が伝わってくるノンフィクション絵本。（土居）

すうがくでせかいをみるの

ミゲル・タンコ 作　福本友美子 訳

西成活裕 日本語版監修

ほるぷ出版｜2021年｜絵本｜カナダ｜44P｜小学低から

女の子の家族にはそれぞれ夢中になることがあって楽しそう。女の子も自分の好きなことを探して、ダンスも空手も試したけれど、しっくりこない。やっと見つけたのが「すうがく」。
「すうがく」で世界を見渡すと、木の枝のフラクタル、水面の波紋の同心円、部屋の床面や窓の形など、隠れているものが見えてくる。抑えた色調の絵が、形の違いを際立たせる。巻末の「数学ノート」には、世界を見て発見したことのくわしい説明もある。「すうがく」の楽しさ、そして好きなことを通して世界を見ることの魅力を豊かに伝える。（坂口）

たぬきのたまご

内田麟太郎 詩　高畠純 絵

銀の鈴社｜2017年｜読みもの｜日本｜112P｜小学低から

ユーモラスでおもしろい絵本のテキストをたくさん書いている作家の詩集。第1部は「おかあさん」。「ばたばた」という作品では、「へいたいさんの　はた／ばたばた　たおれて／へいたいさんも　ばたばた　たおれて」「へいたいさんの　かあさんは　なく／――ばか　ばか　ばか」「ばかの　はか／はかの　ばか／いとしいばかむすこの／はかない　はか」と締めくくられる。すばらしい反戦詩だが、幼い日の母への想いや、天国の母への追憶、人間だけではなく、アザラシやクジラやカッパの母への哀愁がさまざまにうたわれ深く心にしみる。第2部が「きぼう」、第3部が「たぬきのたまご」。タヌキが卵を産むはずがないことに象徴されるように、駄洒落も含めて、ユーモラスでナンセンスな詩や言葉遊びがたくさん紹介されていく。日本語の持つ多義性や同音異義語のおもしろさなどが駆使されていて楽しい。（野上）

ことばとふたり

ジョン・エガード 文　きたむらさとし 絵・訳

岩波書店｜2022年｜絵本｜イギリス｜32P｜小学中から

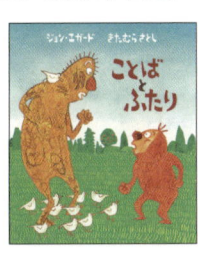

言葉を知らない生きものが、つらく悲しそうにしているとき、それを見ていた言葉を知っている生きものが「ハグ」と言いながら近づいてきた。自分の気持ちを理解してくれる存在に出会い、言葉を知らない生きものは初めて「ハグ」と声に出してみた。自分の気持ちを伝え合う言葉を通して仲よくなったふたりは、友情をあたためていく。言葉は相手を理解し心を通じ合わせるのに大切だが、言葉がなくても通じ合える。言葉とは何か、その本質について考えさせてくれる。（神保）

しぜんのかたち せかいのかたち
～建築家フランク・ロイド・ライトのお話

K.L.ゴーイング 文　ローレン・ストリンガー 絵
千葉茂樹 訳

ＢＬ出版｜2018年｜NF｜アメリカ｜32P｜小学中から

ライトは、幼年時代に積み木で遊ぶことによって「形」の秘密に気づき、自然の中で過ごすことによって「形」の不思議に魅せられた。そして建築家となって、自然を切り離すのではなく自然に溶け込む建物をつくりだした。後年スキャンダルにも見舞われるが、この絵本では幼年時代・少年時代を描くことによってポジティブな面に光を当て、彼がどのような建築をめざしたかを、味わいの深い絵とともに提示している。作中に描かれた建築物が何かを説明するページもある。（さくま）

岡本太郎 ～芸術という生き方

平野暁臣 文

あかね書房｜2018年｜NF｜日本｜151P｜小学高から

1970年万博の「太陽の塔」や東京・渋谷駅の壁画「明日の神話」を制作した岡本太郎の伝記。自由奔放な作家の母と漫画家の父に育てられた孤独な子ども時代、18歳のパリでのピカソや抽象芸術、民族学との出会い、帰国後の苦しい軍隊生活、伝統や芸術に対する固定概念を突き崩し、芸術とは何かを追求し続ける戦後の創作活動を紹介している。巻末に岡本太郎をとりまく人々の紹介、作品や太郎のモノクロ写真、年譜、美術館案内が付されている。（土居）

夢見る人

パム・ムニョス・ライアン 作　ピーター・シス 絵

原田勝 訳

岩波書店｜2019年｜読みもの｜アメリカ｜288P｜中学生から

南米のチリに暮らす少年ネフタリは、夢見ることや詩を書くのが大好きで、自然の不思議に目を見張る感性も持っている。でもひ弱な息子の体を鍛え医者か実務家にしたい父親には、軟弱な役立たずとしか思えない。幼いネフタリはなんとかして父親の愛情を得ようとするが、先住民の人権を守ろうとするおじさんの影響もあり、やがて心の自由を求めて自分の道を歩み始める。ノーベル賞を受けた詩人パブロ・ネルーダの少年時代を描いた伝記的な物語。緑色で印刷された文章は情景を生き生きと伝え、挿し絵もすばらしい。（さくま）

詩人になりたいわたしX

エリザベス・アセヴェド 作　田中亜希子 訳

小学館｜2021年｜読みもの｜アメリカ｜424P｜中学生から

ドミニカ移民2世で、ニューヨークのハーレムに暮らす15歳のシオマラは「Dカップでお尻ゆさゆさの育ちすぎ」。早熟な娘を心配し厳しく締めつける母親は、さらに信仰心もあおるがシオマラは神への疑問も拭えない。そんな中、双子の兄にもらった1冊のノートに、声に出せない自分の感情を詩にして書きつづる。反発し合う母とのこと、宗教への疑念、兄の秘密、密かな恋……心をさらけ出し言葉を書きつづることで、いつしかシオマラは解き放たれていく。物語全体が少女の内面を鮮やかに描き出す詩で構成されている。
（本田）

アドリブ

佐藤まどか 著

あすなろ書房｜2019年｜読みもの｜日本｜240P
｜中学生から

イタリアに生まれ育ち、日本国籍を持つユージは、10歳の時にフィレンツェの大聖堂で国立音楽院の出張コンサートを聞き、「ぼく、フルートをやりたい」と言う。ユージは未経験のまま、国立音楽院の試験を受け、27人中の3人に選ばれてサンティーニ先生の指導を受けることになる。彼は日本レストランの接客係をしている母とふたり暮らし。経済的に厳しい中でのフルートの購入、レッスン、進級試験をこなして、予科から本科の1年生になる。そこからは、学業との両立の難しさ、厳しくなるレッスン、裕福でママの発言力が大きいリナや、高い演奏技術を持つサンドロなど音楽院の生徒たちの様子、心の通う伴奏者との出会い、奨学金の選考会などが描かれる。

ユージは、5年生の進級試験を境に、先生から「だれのために音楽をやりたいんだ？」と問われ、7000ユーロの銀製のフルートに買い替えることを勧められる。彼は、なぜフルートを吹くのか、将来プロになりたいのか、その可能性はあるのかについて悩み始める。

ユージが次々と試練に出会い、悩みながらも前進していく様子がドラマチックで、好きなことに打ち込む楽しさと苦しさ、音楽の魅力、人との出会いの大切さが読み取れる。（土居）

まだまだ まだまだ

五味太郎 作

偕成社｜2021年｜絵本｜日本｜32P｜幼児から

小さな子が5人、「よーい どん!」で走りだす。男の子はゴールを越えてもまだ走り続け、街の中、ビルの間、街はずれから、森を駆け抜けまだ走る。途中から犬も追いかけてきて、気がつくと最初の場所に戻っていた。一緒にスタートした4人は、1番から4番まで到着順の旗を持って応援している。やっとゴールに飛び込むとひと足先に犬が入って、犬が5番で男の子は6番目。走り続ける男の子のまわりの景観や人びとの様子も楽しい。勝敗など気にしないで走り始めたら止まらない男の子の姿は、競争原理を笑い飛ばすかのようだ。（野上）

わたり鳥

鈴木まもる 作・絵

童心社｜2017｜NF｜日本｜40P｜幼児から

世界のわたり鳥113種の旅を描いたノンフィクション絵本。なぜ長距離を移動するのか、どんなルートがあるのか、どんなところにどんな巣をつくるのか、渡りの途中でどんな危険に遭遇するのか、何をたよりに移動するのかなどを、子どもにもわかる文章と興味深い絵で説明している。巻末には、本書に登場するわたり鳥44種それぞれの大きさや姿、巣の大きさ、卵の色や形、渡りのルート、繁殖地と冬期滞在地などを紹介する一覧と、「世界のわたり鳥地図」も掲載している。（さくま）

へろへろおじさん

佐々木マキ 作

福音館書店｜2017年｜絵本｜日本｜32P｜幼児から

町に住んでいる友だちに手紙を書いた「おじさん」が、ポストに入れるために出かける。すると、階段にあったボールを踏んで階段から落ち、窓から落ちてきたマットを頭からかぶり、「ぶたおいまつり」のぶたの下敷きになるなど、災難に見舞われる。やっと投函するが、その後買ったアイスクリームをコーンから落としてしまって泣きだす。そこへ女の子がやってくる。おじさんが災難の繰返しによってどんどん「へろへろ」になっていく様子がユーモラス。（土居）

はっぴーなっつ

荒井良二 作

ブロンズ新社｜2022年｜絵本｜日本｜32P｜小学低から

朝早く少女がベッドの中で目を覚ますと、耳が旅に出て、いろいろな音が聞こえてくる。バスが走り、ボートが動き、魚が飛び跳ね、リスが木登りをし、木の上では卵から何かが今にも生まれそう。耳に届いた音たちは、春ですよと目を開かせてくれる。左ページにモノクロでコマ漫画を配し、右ページと見開きのカラー絵を使って、四季折々の自然と風物が色あざやかで濃密に描き込まれる。アメリカのコミック「PEANUTS」へのオマージュと「HAPPY」を重ねたタイトルどおり、少女の心象を通して幸せ感が祝祭的に伝わってくる。（野上）

走れ!!　機関車

ブライアン・フロッカ 作・絵　日暮雅通 訳
偕成社 | 2017年 | NF | アメリカ | 56P | 小学中から

東のオマハから西のカリフォルニアまでをつなぐアメリカ大陸横断鉄道は、東西ふたつの鉄道会社が建設し、1869年に完成した。これまで馬車か船で延々と行くしかなかった長旅が4日間で可能になったのだから、アメリカじゅうが沸いたに違いない。本書はこの画
期的な汽車に乗り込んだ一家の旅を、臨場感あふれる迫力満点の絵で描く大判ノンフィクション絵本。車内の様子、車窓風景、そこで働く機関士などの労働者、さまざまな乗客。見返しの地図で進路を確認しながら鉄道の旅を楽しもう！（代田）

絵で旅する
国境

クドル 文　ヘラン 絵　なかやまよしゆき 訳
文研出版 | 2022年 | NF | 韓国 | 56P | 小学中から

さまざまな国境の様子や、国境を越えると食べもの、服装や数字を表す指の形などが違うことを紹介する大型絵本。家の中の机の上を国境が通っていたり、自然の山河が国境になっていたり、じつにさまざま。アメリカ合衆国の
国境は、自由な往来が可能なカナダとの国境と、高い壁で隔てられているメキシコとの国境の両方が描かれている。表紙を開くと、韓国と北朝鮮の軍事境界線に建つ建物の絵があり、裏表紙には漆黒の宇宙に浮かぶ国境のない唯一無二の地球が描かれていて、国境とは何かを深く考えさせる。（坂口）

あたしが乗った列車は進む

ポール・モーシャー 作　代田亜香子 訳
鈴木出版 | 2018年 | 読みもの | アメリカ | 256P | 小学高から

ライダーと名乗る12歳の孤児の少女が、親戚と一緒に住むため、付添人とともにシカゴに向かう長距離列車で旅をする物語。ライダーは売店の店員や乗客の男性と知り合い、ボーイスカウトの少年に詩の魅力を教えてもらう。列車内では食べ物を買うお金を稼ぐためにさまざまな工夫をし、薬物依存症だったママの死、パンケーキを焼くの
が得意だったおばあちゃんの死などを思い返す。ライダーがたいへんな状況にあっても正しくあろうとしたり、人の心の傷みを受け止めたりする様子が心に残る。
（土居）

彼方の光

シェリー・ピアソル 作　斎藤倫子 訳

偕成社｜2020年｜読みもの｜アメリカ｜304P｜小学高から

時は今から160年前。アメリカ南部にはまだ黒人奴隷がたくさんいて、報酬ももらえず白人農場主にこき使われていた。ある晩、老奴隷のハリソンは少年奴隷のサミュエルを起こし、闇に乗じてふたりでカナダへの逃亡を始める。そして、何度も危険な目にあいながらも、逃亡奴隷のための人間のネットワーク「地下鉄道」にも助けられて、旅を続けていく。著者は、「地下鉄道」にかかわったさまざまな人種や立場の人を登場させて、当時のアメリカの様子を伝えている。波瀾万丈のドキドキする冒険物語としても読める。（さくま）

オオカミの旅

ロザンヌ・パリー 作

モニカ・アルミーニョ 絵　伊達淳 訳

あかね書房｜2020年｜読みもの｜アメリカ｜192P｜小学高から

親に守られ、兄弟と競い合いながら子ども時代を過ごしたオオカミのスウィフトは、別の群れに家族を殺されてひとりになってしまう。生存をかけてさまよう間に何度も危険な目にあうが、やがてとうとう自分の居場所を見いだして家族が持てるまでに成長する。ノンフィクションではないが、オオカミの生態をうかがい知ることができるし、巻末には物語のモデルになったオオカミの紹介や、シンリンオオカミの特徴についての説明もある。波乱に満ちたサバイバル物語としても、おもしろく読むことができる。（さくま）

フラミンゴボーイ

マイケル・モーパーゴ 著　杉田七重 訳

小学館｜2019年｜読みもの｜イギリス｜304P｜中学生から

高校の試験が終わってフランスに旅に出たヴィンセントは、フラミンゴがいる湖のそばで病気になって倒れ、農場に住むロレンゾに助けられる。ロレンゾは自分の世界を持っており、フラミンゴが大好きで、動物と話ができる。そして、同居しているケジアは、ヴィンセントの看病をしてくれる。ヴィンセントが少し回復すると、ケジアは、民族の異なるケジアとロレンゾが一緒に住むようになった過去を語る。そこには、ナチスの台頭が色濃くかかわっていた。読者はヴィンセントとともにケジアの物語に引き込まれ、障害や戦争について考えさせられる。（土居）

2

時間と宇宙と不思議な世界

P38　こんな未来があったなら

P42　時間をさかのぼってみる

P46　ファンタジーや宇宙を楽しむ

P52　昔話・伝説・神話

おそうじロボットのキュキュ

こもりまこと 作

偕成社｜2021年｜絵本｜日本｜36P｜幼児から

都会のはずれのロボットだけが暮らす町の、自動販売機コーナーで働くお掃除ロボットが主人公。古い形のロボットなので、歩くとキュキュと音を出すことからキュキュと呼ばれている。キュキュは、朝早くからずらっと並んだ自動販売機をきれいに洗ったり、売れたドリンクの数を数えて注文したり、空き缶をつぶしてリサイクルのトラックに運んだり。ところが、急な雨に打たれて水に弱いキュキュは故障し、修理に出されてしまう。姿かたちがユニークな、さまざまなロボットや自動販売機の、表情やしぐさでていねいに描き込まれていて楽しい。（野上）

バンドガール！

濱野京子 作　志村貴子 絵

偕成社｜2016年｜読みもの｜日本｜199P｜小学中から

東京に住む小学5年生の沙良は、6年生の莉桜に誘われ、児童センターに所属するバンド・グループに入り、ドラムを練習し始める。センターには莉桜が張り合っているライバルのバンドがあるが、両バンドの5年生たちは、密かに仲良くなっていく。読み進めていくと、この作品は首都が北海道に移った近未来であることがわかり、その原因に原発事故があること、沙良の母が過去にユーチューブで歌っていた歌が政治的な理由で社会から抹殺されたことなどが明らかになっていく。近未来を舞台に豊かな友情物語がたっぷり描かれている。（土居）

野生のロボット

ピーター・ブラウン 作・絵　前沢明枝 訳

福音館書店｜2018年｜読みもの｜アメリカ｜304P
｜小学中から

大量のロボットを積んだ輸送船が難破し、ロボット5体が無人島に流れ着く。ラッコのいたずらで1体のロボットにスイッチが入り、太陽光で充電されて活動を始める。そのロボット、ロズは人工知能を持ち、島の環境を察知し順応していく。また、動物の言葉を理解し、ガンの子キラリを母鳥に代わって育てることになると、ロボットに感情はないはずなのに、母としての愛情が芽生える。「生きる」とはどういうことなのか、根源的で哲学的な問いもあるが、とても読みやすい。続編に『帰れ 野生のロボット』がある。（神保）

パラゴンとレインボーマシン

ジラ・ベセル 作　三辺律子 訳

小学館｜2021年｜読みもの｜イギリス｜416P｜小学高から

水を巡り世界戦争が勃発している近未来が舞台。先天性色覚異常がある11歳のオーデンは、伯父で天才科学者ヨナ・ブルーム博士の急死を受けて、母と一緒に博士が住んでいた地に移り住む。オーデンは博士が遺した手紙と半分の隕石を受け取り、その後残り半分の隕石を持つヴィヴィと出会う。ふたりは手紙の謎を読み解き、人工知能ロボットのパラゴンを見つける。博士の死の真相、パラゴンの本当の役割、レインボーマシンとは何かが明らかにされる。後半は手に汗握る展開。芸術を理解するパラゴンとの出会いが少年を成長させていく。（神保）

つくられた心

佐藤まどか 作　浦田健二 絵

ポプラ社｜2019年｜読みもの｜日本｜176P｜小学高から

舞台は近未来。新設された「理想教育モデル校」では、スーパーセキュリティシステムが完備され、各クラスには監視役のガードロイドをまぎれこませて、カンニングやいじめや校内暴力を防止するという。これはカメラやマイクを内蔵した最新型のアンドロイドで、人間そっくりに作られ、人間と同レベルの知性を持ち、外見だけでなく性格の個性も備えてあるとのこと。期待をもって転校してきた6年生のミカは、席の近い鈴奈、お調子者の仁、フィリピン人の母親をもつジェイソンと仲よくなる。やがてクラスで、本来は禁止されている「ガードロイド探し」が始まると、ミカも疑心暗鬼になる。4人は、怪しいと思われる生徒の家に行ってみたり、マラソンをしても呼吸の乱れない生徒に探りを入れたりする。しかしそれより、もしかしてこの4人の中にガードロイドがいるのではないか？友だちの笑顔はウソなのか？だれかにリモートコントロールされているのか？本当は心なんてないのに、感情があるふりをしているのか？すべてが演技なのか？疑念はふくらむ。最後にガードロイド自身も自分の正体を知らされていないことが判明し、ガードロイドがだれかはわからないまま物語は終わる。だからこそよけいに、全員を監視する超管理体制ができあがった社会の不気味さが、読者にひしひしと伝わってくる。（さくま）

ペイント

イ・ヒヨン 著　小山内園子 訳

イースト・プレス｜2021年｜読みもの｜韓国｜240P｜中学生から

少子化が進んだ近未来、政府は「産んでもらえば国が育ててもよい」という政策を打ち出した。17歳の主人公〈ジェヌ302〉は、国が運営するそうした施設で育っている。「ペイント」とは、施設の子どもが養子縁組をしたい親を選ぶ面接のことで、20歳で施設を出なくてはならないジェヌも何度か面接をする。しかしジェヌは取り繕う人間が嫌いなので、なかなか話がまとまらない。子どもが親を選ぶという設定が斬新で、親子や家族のあり方について、人と人との関係について、新たな視点を読者に提供している。（さくま）

キズナキス

梨屋アリエ 著

静山社｜2017年｜読みもの｜日本｜400P｜中学生から

主人公は、情報通信技術の特別推進校に指定された中学校に通う2年生の日比希。吹奏楽の部活に参加し、夏の地区大会で金賞をめざしている。学校では、全員にEタブ（エデュケーショナル・タブレット）とマイスコ（マインドスコープ）が配布される。マイスコは人の思ったことを読み取るコミュニケーションツールなのだ。日々希のクラスに、ずっと不登校だった朱華という美少女が初めて顔を出す。日々希は、いつもひとりきりでパソコン室に閉じこもる朱華と親しくなる。そして彼女から、Eタブとマイスコを連動させて個人情報を収集検閲し、心理的統制をするための実験に使われていると知らされる。突然、日々希を抱きしめてキスをする不思議な少女朱華。物語は終盤、児童虐待や貧困が背景に浮かび上がり結末は哀切だが、近未来のIT社会の在り様に対する危惧と、読み手への極めて今日的な鋭い問題提起でもある。（野上）

泥

ルイス・サッカー 作

千葉茂樹 訳

小学館｜2018年｜読みもの｜アメリカ｜240P｜中学生から

森の中にある私立学校から、5年生の優等生タマヤ、7年生のマーシャル、7年のクラスに転校してきたいじめっ子のチャドが行方不明になる。やがて、この3人が森で奇妙な泥に触れたことから、不思議な病が広がっていることがわかる。この病は何なのか？　治療法はあるのか？　異質な3人は、恐怖と孤独の中でたがいの間の距離を縮めていく。子どもたちをめぐる現在に、クリーンエネルギーについての公聴会の証言と、謎めいた数式がからむ。起伏のある展開で読者をひきつけ、バイオテクノロジーや現代文明の落とし穴についても考えさせる物語。（さくま）

時間を
さかのぼってみる

このあいだに なにがあった？

佐藤雅彦＋ユーフラテス 作

福音館書店｜2017年｜NF｜日本｜28P｜幼児から

本を開くと、左にもこもこの羊、右に短い毛の羊の写真。並ぶはずの連続写真のうち、真ん中が空白で「この あいだに なにが あった？」と文だけがある。めくると、正解を加えた写真が並ぶ。知識と経験と思考を働かせ「推理」を楽しむ、新しい発想の参加型絵本。動物の生態から非日常のイベントまで、バラエティに富んだ場面が好奇心を刺激する。表情豊かな写真は繰り返しめくって見ても発見が尽きず、会話がふくらむだろう。（広松）

山の上に貝がらが
あるのはなぜ？〜はじめての地質学

アレックス・ノゲス 文
ミレン・アシアイン＝ロラ 絵　宇野和美 訳
岩崎書店｜2021年｜NF｜スペイン｜40P｜小学中から

主人公たちと一緒に山にハイキングに行こう。なんとそこで
見つけたのは、カキの貝がら。なぜ山の上にあるのか、その
謎ときをする絵本。地層や化石の話、貝殻の化石を山頂に押し上げたプレートの動
きについての基本的な説明もわかりやすい。子どもの疑問に寄り添って、ひとつず
つ話を進める展開は、化石や恐竜が大好きな子どもたちの関心に答えてくれるだけ
でなく、とかく難しくなりがちな地質学についての興味を広げてくれるだろう。巻末
には詳しい用語集があり、読者のさらに知りたい欲求にこたえてくれる。（坂口）

ミイラ学
〜エジプトのミイラ職人の秘密

タマラ・バウアー 著・絵　こどもくらぶ 訳・編
今人舎｜2019年｜NF｜アメリカ｜40P｜小学中から

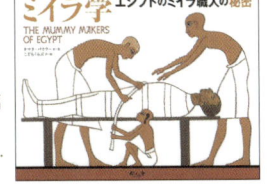

王室御用達のミイラ職人の一家を主人公にして、
王妃の父イウヤの遺体をミイラにしていく様を、絵と文章で表現した絵本。どんな
材料や器具が使われ、どのような手順でミイラに加工されていったか、葬儀はどの
ように行われたのか、などがとても具体的に紹介されている。あとがきには、ミイラ
学の歴史や、イウヤとその妻チュウヤのミイラ（写真もある）が発見されたときの様
子などが記されていて、興味深い。発掘調査にかかわる技術画を専門にしていた
著者の、古代エジプト風の絵も趣をそえている。（さくま）

やとのいえ

八尾慶次 作　仙二径 監修協力
偕成社｜2020年｜NF｜日本｜40P｜小学中から

石の十六羅漢さんが語るという体裁で、谷戸に建て
られた一軒の農家と、それを取り巻く環境の、150
年にわたる変化を伝えている絵本。水田や麦畑や林に囲まれていたかやぶき屋根
の家は、今やモノレールやデパートやマンションやアパートに囲まれた瓦屋根の家
に変わっている。農作業、子どもの遊び、お祭り、嫁入り、葬儀、開発の様子など人
間の暮らしばかりでなく、ある時期までは野鳥や野生の動物も羅漢さんをしばしば
訪れていたことも、ていねいな絵が伝える。巻末には詳しい解説があって、モデルに
なった多摩丘陵の変遷もわかる。（さくま）

人と動物の日本史図鑑（全5冊）

小宮輝之 著　阿部浩志 文協力　境洋次郎 イラスト

少年写真新聞社｜2021-22年｜NF｜日本｜各48P
｜小学高から

人と動物のかかわり方を紹介した全5巻の読みもの。日本史を、旧石器時代から弥生時代、古墳時代から安土桃山時代、江戸時代、明治時代から昭和時代前期、昭和時代後期から令和時代に分け、最古の家畜である犬とのつながり、牛馬の渡来や養蜂、鷹狩りや捕鯨、和牛の誕生、新型コロナウイルスやSDGsなどの多岐にわたる関係を、豊富な写真とイラストでわかりやすくたどる。著者は元上野動物園園長で、その豊かな経験と知識に裏打ちされた解説は、今後、人と動物の関係をどのように築けばいいのか、考える視点を与えてくれる。（坂口）

きみも恐竜博士だ！
真鍋先生の恐竜教室

真鍋真 著　菊谷詩子、三木謙次 絵

岩波書店｜2022年｜NF｜日本｜128P｜小学高から

子どもたちが受けた、国立科学博物館副館長によるオンライン授業をもとに書かれた読みもの。「発掘とは何か」から始まり、恐竜の頭、前脚、後ろ脚、腰と尾、恐竜の絶滅と鳥への進化までを、詳しく説明している。頭の骨をスキャンし脳を復元すると、嗅覚が鋭かったことがわかるなど、最新の研究の紹介もある。総ルビでカラー写真、迫力ある絵、標本作りやクイズなども入り、読者をひきつける作りになっている。最後に著者は、自分の興味のあるものを探し求め続けようと呼びかける。（坂口）

ベルリン1919／1933
／1945（全6冊）

クラウス・コルドン 作　酒寄進一 訳

岩波書店｜2020年｜読みもの｜ドイツ｜320-400P
｜中学生から

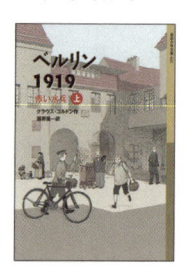

第一次世界大戦終結後、ワイマール共和国誕生へと動く1918年から1919年のベルリンを舞台にした第1部、ワイマール共和国の終焉からナチスによるファシズム独裁へと移行した1932年から1933年のベルリンを舞台にした第2部、1945年春の第二次世界大戦末期の英米機による空爆と、その後のソ連による占領下にあるベルリンを描く第3部からなり、ドイツの20世紀前半の転換期を、労働者階級ゲープハルト一家の視点で描いたフィクションの大作。版元をかえて復刊された。（神保）

いのちの木のあるところ

新藤悦子 作　佐竹美保 絵

福音館書店｜2022年｜読みもの｜日本｜528P｜中学生から

トルコの世界遺産「ディブリーの大モスクと治癒院」を訪れた著者は、その巨大な冠門と、そこに施された緻密な浮彫文様に魅せられる。そして、今から約800年昔の辺ぴな山間の小さな町を舞台に、それを建設させた王と王妃を中心にした壮大な歴史物語を紡ぎ出す。好奇心にあふれ、物語にあこがれる向こう見ずなトゥーラーン王女。彼女は、まるで運命に導かれるかのように、山奥の小さな王国であるディブリーに誘われ、アフマドシャー王子と出会う。ふたりはどのようにして美麗なモスクを造ったのか。秘境の町に出入りする、隊商や遊牧民や戦火を逃れた腕利きの職人たち。大モスクと治癒院をめぐる多くの人びとを交え、壮大な大モスクと華麗にして緻密な冠門の浮彫文様が作られていく。ドラマチックな物語展開で、500ページを超える大長編にもかかわらず、息をつく間もなく読める。王国同士がいがみ合う戦乱の中で、人びとは伝説の「いのちの木」に何を願ったのか。そして、冠門が未完のままだったのはなぜか。謎の多い遺跡を舞台に繰り広げられる歴史物語から、戦争のない平和な世界への願いが伝わってくる。豊富に挟み込まれた挿し絵は、その時代考証だけではなく、破壊された文様までも画家の創造的想像力によって緻密に復元されて、物語のリアリティーを増幅させる。（野上）

博物館の少女 〜怪異研究事始め

富安陽子 著

偕成社｜2021年｜読みもの｜日本｜344P｜中学生から

大阪の古道具屋の娘だった花岡イカルは両親を亡くし、明治16年、13歳で東京上野に住む遠い親戚を頼って上京する。後見人の老夫婦はしつけに厳しく息の詰まる毎日だが、ある時この家の孫で近くに住む同世代の娘トヨと友だちになる。イカルはトヨと上野見物に出かけ、初めて博物館に足を踏み入れる。そしてひょんなことから博物館の裏にある古蔵で「怪異研究」をしているという老人、織田の仕事を手伝うようになる。イカルには古物を見ぬく鑑識眼だけでなく、不思議な怪しいものを感じ取る力があった。ある日、古蔵から「黒手匣」（黒い蓋つきの箱）がなくなっていることがわかる。古蔵送りになるのは、博物館に収蔵しないガラクタばかりだと思われていたが、織田の助手アキラと行方を探るうち、黒手匣には秘密があることがわかる。その箱は隠れキリシタンゆかりの品で、不老不死の島からきたのだという。ついにイカルたちが黒手匣を見つけ、その蓋を開けた時、世にも不思議な出来事、怪異が起きる。激動の文明開化の時代に、好奇心旺盛な少女が、自分の能力と行動力を総動員してなぞ解きに挑み、たくましく生きる姿を描く。現実と空想が錯そうするあやかしの世界に一気に引き込まれる。舞台となった博物館は上野博物館（現在の東京国立博物館）。（汐﨑）

ファンタジーや宇宙を楽しむ

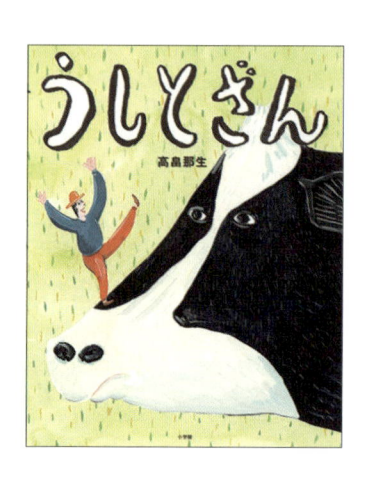

うしとざん

高畠那生 作

小学館 | 2020年 | 絵本 | 日本 | 32P | 幼児から

「きょうは これから うしに のぼります」と宣言した小さな小さな男が、とてつもなく巨大な牛に登っていく。ようやく背中にたどりついたら、ヘリコプターに乗ってきた人がいるのに気づいて「ずるい！」。広い背中を歩いていたら、ここにもまた牛の群れ。貸し自転車に乗ってなおも進み、飯屋でご飯を食べる。それから尻尾を伝って降りるとそこには山のような牛ふん。意味も教訓も、心にしみる言葉もないけれど、やたらにおかしい。思わず笑ってしまう。今の時代、笑って心を自由にするのも大切なことではありませんか。（さくま）

さかなくん

しおたにまみこ 作

偕成社｜2022年｜絵本｜日本｜32P｜小学低から

さかなくんは、水中で生活しているが、他の動物たちと学校へ行くときは、水の入ったガラスのヘルメットをかぶり、足びれにゴムのくつをはく。体育の時間、さかなくんはリレーで走って足びれをけがしてしまう。もう学校へ行きたくないと思っていると、トカゲさんとにんげんくんが家を訪ねてきて、にんげんくんはローラースケートをくれる。さかなくんは足びれが治ったあと、ローラースケートを使って元気に登校する。鉛筆と水彩を使った細かくていねいな描写が、空想的な世界をリアルに感じさせてくれる。（土居）

かせいじんのおねがい

いとうひろし 作

童心社｜2021年｜読みもの｜日本｜72P｜小学低から

友だちの家から帰る途中、ぼくは変なおじさんに声をかけられる。おじさんは火星人だと言い、火星人は、よりよい火星人になるために、暇さえあればいろいろな修行をするのだと言う。ひと言もしゃべらないでうなずくだけとか、他の人が残した物しか食べないとか、それ以外の変な修行の数々が、作者自身による挿し絵にも描かれていて笑ってしまう。それらのなかでも、最高の修行は、火星の1年にあたる687日のあいだ、地球人の振りをして地球で修業を積み、最後に正体を明かした人の協力で火星に帰ることだと言う。火星人は嘘がつけないし、けんかもしない。人を信じて仲よくする。そうしないと火星では生きていけないのだ。ところが、地球人は平気で嘘をついたり、人をだましたり、争ったり、戦争までしてしまう。争いやだまし合いがいっぱいある地球で暮らし、嘘やけんかの味を覚えても、火星に帰ったら元のように人を信じて仲よく暮らしていくのだそうだ。おじさんの話を聞いていると、地球人は野蛮な生きもののように思える。おじさんはぼくに正体を明かしたのだけど、ぼくはおじさんを火星に帰すことができなかった。ところが、ある夕方、おじさんがギターを背負った若者と手を取り合って、そのあとキラキラと光りながら天に消えていく光景を目にする。ユーモラスでほのぼのとした挿し絵によるナンセンスなお話を楽しみながら、愛と平和の大切さが伝わってくる絵童話。（野上）

キュリオシティ
〜ぼくは、火星にいる

マーカス・モートン 作

松田素子 訳　渡部潤一 日本語版監修

ＢＬ出版｜2019年｜NF｜イギリス｜48P｜小学低から

NASA火星探査車ロボット「キュリオシティ」が主人公。開発過程では、火星の生命体を探す使命のため地球上のばい菌が付着しないよう細心の注意が払われていた。2年2か月に一度くる地球と火星が接近するタイミングに合わせて打ち上げられ、6億キロの距離を253日かけて飛んだ。また、無事火星に降り立つために、多くの難関を越えなければならなかった。火星探査の難しさとおもしろさについて、子どもにもわかりやすい絵と言葉で説明している絵本。宇宙に関心を持ち、合わせて地球環境についても考える契機を与えてくれる。（神保）

もしきみが月だったら[*]

ローラ・パーディ・サラス 文　ジェイミー・キム 絵

木坂涼 訳

光村教育図書｜2017年｜絵本｜アメリカ｜32P｜小学低から

寝室の女の子に、窓からお月さまがやさしく語りかけ、月の役割を教えてくれる。月は毎日休まず地球のまわりを回り、海とつなひきしたり、太陽からの光を地球にパスしたりする。擬人化された月が、真っ暗な宇宙空間で地球を相手に楽しげに働く様子が、表情豊かに描かれている。ゆったりとした語りに誘われ、女の子は眠りにつく。見開きごとに月の自転、公転、引力、満ち欠けなどについての科学的な解説が書いてあり、物語絵本であると同時にやさしい科学絵本にもなっている。（福本）

きみは宇宙飛行士！
〜宇宙食・宇宙のトイレまるごとハンドブック

ロウイー・ストーウェル 文　竹内薫 監訳

竹内さなみ 訳

偕成社｜2018年｜NF｜イギリス｜128P｜小学中から

宇宙飛行士になるためには、身長や能力など多くの条件がある。候補になっても、ロシア語を覚えたり、ロボット工学を勉強したり、サバイバル術を身につけたりする訓練があり、宇宙飛行士に選ばれてからも訓練を重ねなければならない。そして、実際にロケットに乗ってからも食べ物や排泄の苦労などがあることが書かれている。宇宙飛行士をめざす子どもたちへの現実的なハンドブック。訓練の様子がカラーのイラストと文で分かりやすくユーモラスに説明されており、世界に595人しかいない宇宙飛行士の苦労が分かる。（土居）

ブラックホールって なんだろう?

嶺重慎 文　倉部今日子 絵

福音館書店 | 2022年 | NF | 日本 | 40P | 小学中から

宇宙にある謎に包まれた天体「ブラックホール」。ブラックホールは狭いところに重さがギュッと詰まった天体。地球よりもずっと重たく、その重力によって周りのものを吸い込んでしまう。ブラックホールが真っ黒に見えるのは、光の粒までも吸い込んでしまうからだ。ブラックホールの研究を長年続けてきた作者が、絵とともにわかりやすく現在の知見を紹介する。これまで、ブラックホールは「わるもの」扱いされてきたが、じつは宇宙にとって大事な存在かもしれないという。宇宙の仕組み、未知の世界への興味、関心を広げてくれる絵本。(汐﨑)

もしも地球が ひとつのリンゴだったら

デビッド・J・スミス 文　スティーブ・アダムス 絵

千葉茂樹 訳

小峰書店 | 2016年 | NF | アメリカ | 40P | 小学中から

もしも太陽系の惑星をボールの大きさにちぢめたら、すい星は卓球のボール、地球は野球ボール、土星はビーチボール……。もしも45億年の地球の歴史を1年間にちぢめたら、大晦日近くになってようやく人類登場。もしも地球上の水がコップ100杯だとしたら、飲めるのはたった1杯分。あまりにも莫大で把握しづらいことを、縮尺を利用してわかりやすく説明した絵本。人間の存在の小ささや資源の大切さが感覚的にわかり、社会格差や世界の情勢にまで目を向けるきっかけになる。(福本)

ケンタウロスのポロス

ロベルト・ピウミーニ 作　長野徹 訳

岩波書店 | 2018年 | イタリア | 208P | 小学高から

上半身が人間で下半身が馬の姿をしたケンタウロス族の若者ポロスは、けんか好きな仲間たちの恨みを買い、故郷を離れて旅に出る。ギリシャ神話の神々や英雄たちが登場する壮大な世界を舞台に、主人公がさまざまな出会いや試練を通して大きく成長して戻ってくる「行きて帰りし」物語。細かい章立てで先へ先へと進むスピード感、緊張感のあるきびきびした文体で語られる波乱万丈の冒険は、読み始めたらやめられない。日本語版に新たにつけられた挿し絵は内面世界まで見事に表現している。JBBY賞(翻訳部門)受賞作。
(福本)

青い月の石

トンケ・ドラフト 作　西村由美 訳

岩波書店｜2018年｜読みもの｜オランダ｜336P
｜小学高から

伝承遊び歌で始まり、ぐんぐんひっぱっていく冒険物語。祖母と暮らすいじめられっ子のヨーストは、青い月の石を手に入れようと、地下世界の王マホッヘルチェを追っていく。途中で出会ったイアン王子とたどりついた地底の国で難問をつきつけられるが、マホッヘルチェの娘ヒヤシンタが助けてくれる。ようやく地上に戻ると、タブーを侵したせいで愛するヒヤシンタのことを忘れたイアン王子に記憶を取り戻させるため、次の冒険が始まる。昔話のモチーフを使い、現実とファンタジーの間に橋をかけた読みもの。JBBY賞（翻訳部門）受賞作。（さくま）

真昼のユウレイたち

岩瀬成子 作　芦野公平 絵

偕成社｜2023年｜読み物｜日本｜180P｜小学高から

4人の子どもが夜中ではなく真昼に出会った幽霊の話を収録した短編集で、生きること死ぬことの意味を考えさせられる。晴海が友だちの大叔母さんの海さんの家で出会った幽霊は、9歳の小さな女の子。海さんは、その子は海で溺れて亡くなった妹の波ちゃんなのだ、と教えてくれた（「海の子」）。かすみがいじめを受けている友だちの千可を助けようと思った時、助けてくれたのは、千可が4歳の時に交通事故で亡くした両親の幽霊だった（「対決」）。春生は、公園のベンチでアメリカ人の幽霊、ダンと出会う。彼は祖母の友人で、ベトナム戦争で亡くなっていた（「願い」）。羊司は母の再婚で弟になった連が、何かを部屋に隠していることを不思議に思う。それは連が可愛がっていたが、3か月前に死んだ「舟」という名の白いネコの幽霊だった（「舟の部屋」）。どの幽霊も怖かったり、子どもを脅かしたりする存在ではない。それぞれが生きている時につながっていた人を今も大切に思い、どこかで見守ってくれている。直接の関わりはないけれど、その幽霊の姿を見ることができ、交流する主人公の子どもたちは、皆どこか繊細で、感じやすい心を持ち、目の前に現れた幽霊を自然に受け入れる。そして幽霊との出会いをきっかけに、前向きの明るい変化が生まれる。幽霊を日常の中にさりげなく登場させ、だれかが亡くなった後も、その思いは残っていることを伝える。（汐﨑）

月の光を飲んだ少女

ケリー・バーンヒル 著　佐藤見果夢 訳

評論社｜2019年｜読みもの｜アメリカ｜336P｜小学高から

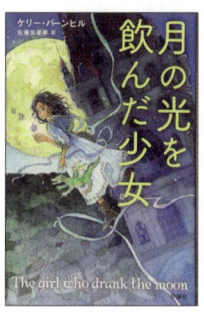

村の掟によりいけにえとして森に捨てられた赤ん坊が、魔女に拾われ育てられる。魔女は赤ん坊の黒い瞳に見とれるうち、うっかり指先に満月の光を集めて飲ませてしまう……魔力に満ちた美しい情景から物語が動きだす。年老いた魔女、村の長老会の長と見習い少年、赤ん坊をさらわれ心を病んだ母親など、多彩な登場人物それぞれの立場から物語は複雑にからみ合い、赤ん坊が幼児の少女に成長し、月から授かった魔力が満ちるとき、すべての糸がひとつに結び合わされる。魔法と謎解きを満喫できるファンタジー。〔福本〕

ロドリゴ・ラウバインと
従者クニルプス

ミヒャエル・エンデ、ヴィーラント・フロイント 作

木本栄 訳　junaida 絵

小学館｜2022年｜読みもの｜ドイツ｜352P｜小学高から

時は中世、闇夜に人形劇団の馬車から少年クニルプスが悪名高い盗賊騎士ロドリゴ・ラウバインの従者になるために逃走する。ところがこの騎士は気弱で心優しく、世をあざむくために自分で噂を流し、山奥の城で静かに過ごしていた。善悪の区別ができる大人になりたいと願うクニルプスとラウバインは互いを思い合うようになる。気弱い王様、活発な姫、魔術師に竜と役者がそろい、本当の悪を倒すための物語が動きだす。エンデの未完の遺作を完成させたフィクション。〔神保〕

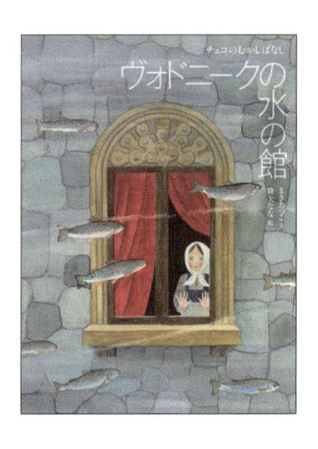

ヴォドニークの水の館
〜チェコのむかしばなし

まきあつこ 文
降矢なな 絵

BL出版｜2021年｜絵本｜日本｜32P｜幼児から

ヴォドニークは人びとにいたずらをしたり、溺れさせたりする水の魔物。ある夜、ひとりの貧しい娘が川に身を投げようとしたところにヴォドニークが現れ、川底の水の館にさらっていった。娘は館でヴォドニークの世話をするうち、多くの人びとの魂がつぼに閉じ込められていることを知る。その中には行方不明の弟の魂もあった。娘はすべての魂を解き放し、自分も家に帰ろうと決心する。チェコ周辺で語り継がれてきた伝説の魔物ヴォドニークの姿と水中の美しい世界を、スロバキア在住の画家が迫力いっぱいに描いた絵本。（汐﨑）

ハイチのおはなし
わたしがテピンギー

中脇初枝 再話　あずみ虫 絵

偕成社｜2022年｜絵本｜日本｜32P｜幼児から

日本や世界各地の女の子たちが活躍する「女の子の昔話えほん」シリーズの1冊。ハイチの昔話を再話している。両親を亡くしたテピンギーは、新しい母親によって、人さらいの男に召使いとして引き渡されそうになる。そこで、クラスの女の子たちに、同じ色の服を着てもらって、「わたしも　テピンギー」「わたしたちも　テピンギー」とみんなで歌い、男を惑わせる。知恵と協力で困難を乗り切るストーリーが痛快。素朴な貼り絵によって描かれた、ハイチの緑あふれるあざやかな景色の中で、女の子たちの赤や黒の衣装が力強く映える。（奥山）

チンチラカと大男
〜ジョージアのむかしばなし

片山ふえ 文　スズキコージ 絵

ＢＬ出版｜2019年｜絵本｜日本｜32P｜幼児から

知恵が回るので有名なチンチラカは、気まぐれな王様に、魔の山にすむ大男から黄金のつぼや、人間の言葉を話す黄金のパンドゥリ（楽器）を取ってくるように次々命じられる。チンチラカがそれに成功すると、今度は大男をつかまえてこいとの命令が。チンチラカは大男をなんとかだまして箱に入れて連れてくるのだが、王様が箱を開けてしまい、大男は王様や家来を飲み込んでしまう。怖いところもあるがハッピーエンドなのでご安心を。コーカサス地方にある国ジョージアの昔話に、ダイナミックで魅力的な絵がついている。（さくま）

まめつぶこぞうパトゥフェ

〜スペイン・カタルーニャのむかしばなし

宇野和美 文　ささめやゆき 絵

BL出版｜2018年｜絵本｜日本｜32P｜幼児から

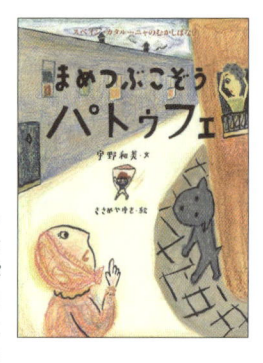

パトゥフェは、体は豆粒ぐらい小さいのに、なんでも
やろうとする元気な男の子。お母さんにたのまれた
おつかいも、踏みつぶされないように「パタン　パ
ティン　パトン」と歌いながら歩いていき、ちゃんと
なしとげる。ところが、お父さんにお弁当を届けに
行こうとしてキャベツの葉の下で雨宿りしていると
き、牛に飲み込まれてしまう。さあ、どうしよう。パトゥフェは牛のお腹の中でも歌っ
て、お父さんとお母さんに居場所を知らせ、牛のおならとともに外に飛び出す。絵
も文もゆかいで楽しい。（さくま）

あずきがゆばあさんと とら

パク・ユンギュ 文　ペク・ヒナ 絵

かみやにじ 訳

偕成社｜2022年｜絵本｜韓国｜32P｜幼児から

あずきがゆを作るのが得意なばあさんが、トラに
食われそうになるが、食料のない冬にあずきがゆ
をたらふく食べてからにしたらいい、と説得して難
を逃れる。あずきがゆを煮る冬至の日になり、ばあ
さんがトラを恐れて泣いていると、クリ、スッポン、
うんち、せんまいどおし、石うす、むしろが次々にか
けつけ、連携して見事にトラをやっつける。韓国では小学校教科書にも載る有名
な昔話で、日本にも類話がある。語り口は擬音や繰り返しのリズムが楽しく、絵は
手作りの人形を写真撮影したもので、臨場感たっぷり。（福本）

金の鳥～ブルガリアのむかしばなし

八百板洋子 文　さかたきよこ 絵

BL出版｜2018年｜絵本｜日本｜40P｜小学低から

まばゆい幻想的な表紙から一気に異国にさらわれる、ブルガリアの昔話絵本。3人の王子が王様に命じられ、金の鳥を探しに旅に出る。ずるくて怠け者の兄たちに対し、正直で賢い末息子は、時に欲望に負けて失敗もするが、空飛ぶ馬など、魔法のアイテムのおかげで苦難を乗り越える。東西の文化が交わり、複雑な民族の歴史を持つ国の昔話。ヨーロッパで絵本デビューした画家の、日本で出版された初めての絵本。艶やかで品のある色感、大胆な構図、繊細な描き込みで、冒険物語に引き込まれる。（広松）

アイヌのむかしばなし
ひまなこなべ

萱野茂 文　どいかや 絵

あすなろ書房｜2016年｜絵本｜日本｜32P｜小学低から

日本の先住民アイヌに伝わる昔話の絵本。人間に仕留められたクマの神様が、天に送られる時の宴会で見た若者のすばらしい踊りが忘れられず、何度もクマの姿で地上にやってきては、その若者の正体をつきとめようとする。おかげで、そのアイヌの家には肉や毛皮がふんだんにもたらされて、裕福になっていく。ストーリーからは、人間がほかの命をもらって生きているということが伝わる。アイヌ独特の文様を取り入れた絵も、この昔話の神髄をわかりやすく表現している。（さくま）

ちゃあちゃんの むかしばなし*

中脇初枝 再話　奈路道程 絵

福音館書店｜2016年｜読みもの｜日本｜304P｜小学低から

清流・四万十川が流れ、山に囲まれた、四国の高知の南西部に育った著者が、その地に伝わる昔話を耳に心地よく再話して、二人のわが子に語った本。「ちゃあちゃん」とは、まだ幼い子どもたちが、「おかあさん」といえなかったころの幼児語。日本の神話からはじまり、50話が収められている。（宮川）

ノウサギの家に
いるのはだれだ？
〜ケニア マサイにつたわるおはなし

さくまゆみこ 再話　斎藤隆夫 絵
玉川大学出版部出版部｜2022年｜絵本｜日本｜32P
｜小学低から

昔、1匹の青虫がノウサギの家に入り込み、くつろいでいると
ころにノウサギが帰ってきた。家の中にいるのはだれかと問
われて、青虫は、強くて勇敢な戦士だと大声を張り上げる。ノウサギは怖くなって、
ジャッカル、ゾウ、ヒョウ、サイ、ゾウに助太刀を頼むが、その大声にみな恐れをなして
逃げ出してしまう。でも、最後にやってきたカエルは逃げなかった。みんなで大笑い
する結末はおおらかで愉快。日本画の技法を用いた絵が魅力的。（汐﨑）

絵物語古事記

富安陽子 文　山村浩二 絵　三浦祐之 監修
偕成社｜2017年｜読みもの｜日本｜255P｜小学中から

712年に成立した日本最古の歴史書といわれる「古事記」（3
巻本）の中から、神話をとりあげた上巻を、人気作家が物語と
して再話し、国際的なアニメーション作家でもある画家が、楽
しい絵をつけた作品。監修者は、「古事記」の研究者。イザナ
キとイザナミによる国生み、イザナキの黄泉の国訪問、天の岩
屋、やまたのおろち、稲羽の白うさぎ、海幸彦と山幸彦など、日本でもおなじみの神話
が紹介されている。富安は、現代作家ならではの視点で、それぞれの話に流れをつ
け、わかりやすくてダイナミックな物語に仕上げている。各ページにイラストを入れて
いる山村は、さまざまな神々をユーモラスかつ人間くさく描くことによって、読者の興味
をひくことに成功している。後書きには、「古事記」が作られた経緯や、成立にかか
わった人々についての解説が載っている。（さくま）

火の鳥ときつねのリシカ

〜チェコの昔話

木村有子 編訳　出久根育 絵
岩波書店｜2021年｜読みもの｜チェコ｜344P｜小学中から

チェコの国民的作家エルベンと女性作家ニェムツォヴァー
が、19世紀に収集したチェコとスロバキアの昔話22編に、ほ
か2編を加えた昔話集。表題作は、王さまの末息子が、きつねのリシカの魔法の力
を借りて困難を乗り越える不思議な話。ほかに、プラハの街に出没する水の精
ヴォドニークの不気味な話や、拾ってきた切り株の赤ん坊が次々に人を食う怖い話
など、1話ごとに違った雰囲気があっておもしろい。グリムやロシアの昔話に似た
話もあるが、細部が異なりまた別の味わいがある。プラハ在住の日本人画家の挿
し絵が美しい。（福本）

キバラカと魔法の馬

〜アフリカのふしぎばなし

さくまゆみこ 編訳
岩波書店｜2019年｜読みもの｜アフリカ各地｜208P｜小学中から

アフリカ大陸のあちこちで語り伝えられた昔話を13話収める。
怪獣と戦う大男や村を飲み込む巨人などのスケールの大きな
話、口をきくしゃれこうべや生まれたてで歩きだす赤ん坊が出
てくるユーモラスな話、精霊や魔神の力が発揮される不思議な話、恩を仇で返した
らどうなるかという倫理的な話など、それぞれに趣が異なりおもしろい。きっぱりと
した簡潔な訳文は、読み聞かせにも向く。初版は1979年だが、版元をかえ文庫版
で復刊された。太田大八による版画の挿し絵が力強い。（福本）

3
身近なだれかに
よりそう

P60　家族のかたち

P68　こんな友だち、あんな友だち

P78　おじいちゃんとおばあちゃん

P82　ペットと暮らす

P90　大切な存在と出会う

いろいろかえる

きくちちき 作

偕成社｜2021年｜絵本｜日本｜24P｜幼児から

食べるのが好きな緑色のカエルが草むらで虫をつかまえていると、はねるのが好きな黄色のカエルがとんでくる。そこへ踊るのが好きな桃色のカエル、泳ぐのが好きな青色のカエル、歌うのが好きな橙色のカエルが1匹、また1匹とやってきて、みんなで遊ぶ。見開きいっぱいにカエルたちの姿が縦横無尽に描かれ、白地の画面にひとつずつ鮮やかな色が増えていく。最後に黒い母さんと銀色の父さんが現れ、皆でくっついて眠る姿がほほえましく、満足感をもって終わる。繰り返しを生かした単純明快な文章のリズムが耳に心地よい。（福本）

あさがくるまえに

ジョイス・シドマン 文　ベス・クロムス 絵
さくまゆみこ 訳
岩波書店｜2017年｜絵本｜アメリカ｜48P｜幼児から

街を厚く覆う雪雲の下、家路を急ぐ母娘を迎えたのは家事担当の父親で、母はパイロットなのだ。制服に着替えた母は、眠りについた家族を置いて勤務に出る。朝が来る前に世界を変えてほしい、楽しいひと時が巡ってきてという願いの言葉に重なるように、雪が舞い始め、見る間に降り積もっていく。願いが届いたのか、フライトは欠航になる。明け方に帰宅した母を喜んで迎える娘。その後、雪一面になった公園で遊び興じる一家が描かれる。スクラッチボードに彩色した絵が美しい。（神保）

おとうとが おおきくなったら

ソフィー・ラグーナ 文　ジュディ・ワトソン 絵
当麻ゆか 訳
徳間書店｜2022年｜絵本｜オーストラリア｜32P｜幼児から

僕の弟のテオはまだ赤ちゃんで、もっと大きくならないと一緒に遊べないとママが言う。寝ているテオの傍らで、テオが大きくなったら一緒にしたいことを僕は次々と考える。ふたりでジャングルに行ったり、秘密基地を作ったり、ボートに乗って海へも出よう！　たとえ嵐が来ても、僕たちは助け合うから大丈夫だ！　と。弟への愛情が、空想の冒険を通して、時に穏やかに、時にダイナミックに、美しい色彩で生き生きと描かれる。壮大な冒険の後、現実のテオに優しく寄り添う「ぼく」の姿が、ぬくもりと幸福感の余韻をもたらす。（本田）

スタンリーとちいさな火星人

サイモン・ジェームズ 作　千葉茂樹 訳
あすなろ書房｜2018年｜絵本｜イギリス｜32P｜幼児から

お母さんが泊まりの出張に出かけた日、スタンリーはダンボールの宇宙船に乗り込み、地球を離れて火星に向かう。庭に戻った宇宙船から出てきたのは火星人になりきったスタンリー。お父さんとお兄ちゃんは本物の火星人として大まじめに接してくれるが、学校では火星人と認めない友だちとけんかになってしまう。ちょっと寂しい気持ちを何とかやりすごそうとする子どもの心理を温かく見つめ、軽妙な絵で表現している。お母さんが帰ってくると大急ぎでスタンリーに戻る結末も愉快。（福本）

空とぶ馬と七人のきょうだい
〜モンゴルの北斗七星のおはなし

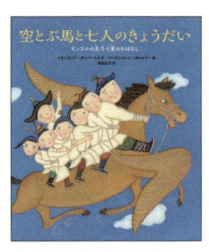

イチンノロブ・ガンバートル 文

バーサンスレン・ボロルマー 絵　津田紀子 訳

廣済堂あかつき｜2021年｜絵本｜日本｜36P｜小学低から

7人の美しい王女たちが、鳥の王ハンガリドにさらわれて
しまう。王さまは草原に住む7人兄弟に王女たちの救出を命じる。兄弟はおじいさ
んが用意してくれた空とぶ馬に乗って空へ駆け上がる。7人はそれぞれ特殊な力を
持っており、その力を使ってハンガリドを倒し王女たちを救い出す。しかし空とぶ馬
は力尽き、7人兄弟と王女たちはそれぞれ結婚して天で暮らすことになって北斗七
星となり、馬は北極星となって人びとを見守ることになった。モンゴルの昔話をもと
にした創作。モンゴル語からの翻訳で、日本で出版。(神保)

わたしのかぞく みんなのかぞく

サラ・オレアリー 作　チィン・レン 絵

おおつかのりこ 訳

あかね書房｜2022年｜絵本｜カナダ／アメリカ｜32P
｜小学低から

学校で先生が、自分の家族のとっておきの話をして、と言う
と、子どもたちがそれぞれ語りだす。養子や里子がたくさん
いる家族、母親がふたりいる家族、親が離婚したので子どもが行ったり来たりする家
族、祖母と孫で暮らす家族、親がどちらも子連れで再婚した家族、父親がふたりいる
家族…最後は、子どもたちがそれぞれに描いた家族の絵を誇らしげに掲げる。世の中
にはいろいろな家族があるが、どれもかけがえのない家族だということが伝わる。固
定概念を崩し、多様なあり方や生き方に目を向けさせてくれる。(さくま)

春くんのいる家*

岩瀬成子 作　坪谷令子 絵

文溪堂｜2017年｜読みもの｜日本｜104P｜小学中から

新しい家族の形をテーマにしたフィクション。日向は、両親
が離婚した後、母と一緒に祖父母の家で暮らしているが、そ
こに従兄の春も加わって一緒に暮らすことになった。春は、
父親が病死し母親が再婚した結果、跡取りとして祖父母の
養子になったのだ。新たな5人家族は、最初はぎくしゃくし
ていて、感情も行き違う。しかし、春が子ネコを拾ってきたことなどをきっかけに、
徐々にみんながよりそいあい、新たなまとまりを作り出していく。その様子を感受性
豊かな日向の一人称で描いている。(さくま)

マイロのスケッチブック

マット・デ・ラ・ペーニャ 作　クリスチャン・
ロビンソン 絵　石津ちひろ 訳

鈴木出版｜2021年｜絵本｜アメリカ｜39P｜小学中から

マイロは絵を描くのが大好き。今日は、お姉ちゃんと
地下鉄に乗る特別なお出かけの日。マイロは地下鉄に乗ってくる人をスケッチしながら、その人たちの日常生活を想像していた。すると、自分と同年齢ぐらいの少年が乗ってきた。マイロが王子さまに見立てて絵を描いていたその少年は、マイロと同じ駅で降りた。そして、ふたりとも刑務所にいるお母さんに面会するために、地下鉄に乗っていたことがわかる。読者もマイロも、自分の偏見に気づかされるというしかけが興味深い。ポップな絵が、マイロのお母さんを愛する気持ちを表現している。
（土居）

この海を越えれば、わたしは

ローレン・ウォーク 作　中井はるの、中井川玲子 訳

さ・え・ら書房｜2019年｜読みもの｜アメリカ｜384P
｜小学高から

主人公のクロウは、赤ちゃんの時に流れ着いた島で、画家のオッシュに拾われ育てられている。しかし12歳になったクロウは、自分はどこから来たのか、なぜひとりで小舟に乗っていたのか、この島に住む人たちがなぜ自分を避けているのか、などを知りたいと思うようになる。身の回りの謎を解きながら自分のルーツをつきとめようとする少女の物語に、ハンセン病への偏見がからむ。世間から離れて生きようとするオッシュや、近所でひとり暮らしをするミス・マギーが、血縁の家族以上にクロウを思いやる姿が温かい。（さくま）

オオカミが来た朝

ジュディス・クラーク 著　ふなとよし子 訳

福音館書店｜2019年｜読みもの｜オーストラリア｜240P
｜小学高から

あるオーストラリア人家族の、4世代にわたる折々の出来事と心模様を描く短編連作。大恐慌だった1935年、父親の急死で働くことになった14歳のケニーが、働き口を探しに出たある早朝、道中で遭遇した恐怖の出来事を描く「オオカミが来た朝」から、1950年代のケニーのふたりの娘と認知症の大叔母さんの物語「メイおばさん」、2002年の両親のけんかにおびえるケニーのひ孫の物語「チョコレート・アイシング」まで全6編。現実を受け止めて前に進む子どもたちを生き生きと描いている。読後に4世代の物語がつながり、感慨深い。（代田）

金曜日のヤマアラシ

蓼内明子 著

アリス館 | 2022年 | 読みもの | 日本 | 220P | 小学高から

小学6年生の長谷部詩（うた）は、2年前に母を病気で亡くし、おもちゃ会社専属のフィギュア原型師をしている父親の朔太郎とふたりで暮らしている。ふたりは「ウタ」「さくちゃん」と呼び合う仲のよい友だち親子。さくちゃんは忙しいのに毎日ちゃんとご飯を作ってくれ、ウタも学校であったことをさくちゃんに話す。新学期にウタのクラスにサッカーが得意な桐林敏（びん）が転校生としてやってくる。声をかけても「うっせーなー」とにらんできて、トゲトゲしているので、まるでヤマアラシみたいだと、ウタはさくちゃんに不満気に言う。ヤマアラシのフィギュアを作ったことがあるさくちゃんは、ある哲学者の言った「ヤマアラシのジレンマ」について話す。2匹のヤマアラシは寒かったのでぴったりくっつこうとしたらトゲが痛くてたまらない。そこでお互いの体温が感じられるくらいの距離を取ったというのだ。さくちゃんは、敏に興味を持ち、彼の話を詳しく聞きたがる。それで毎週金曜日に、ウタは敏のことをさくちゃんに報告することにした。ウタはサッカー選手を目指している敏が、リフティングの回数を記録するのにつき合い、級友たちからふたりの仲を怪しまれる。ところが、周囲から孤立気味の敏の機転で、クラスの融和が図られることになる。その結末がとてもさわやか。（野上）

おとなってこまっちゃう

ハビエル・マルピカ 作

宇野和美 訳　　山本美希 絵

偕成社 | 2022年 | 読みもの | メキシコ | 224P | 小学高から

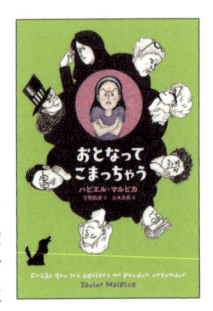

サラのおじいちゃんが、突然ママと同年齢の人と再婚すると言い出した。ママは世間体を気にして大反対。人権を尊重する弁護士として活躍するママなのに、なぜ反対するのかわからないサラは、ママと離婚したパパや、同性のパートナーと暮らす叔父を味方につけ、何とか楽しい結婚式ができるよう画策する。素直になれない大人たちに対し、柔軟な対応力で奮闘する様子が、9歳の現代っ子らしい言葉づかいでテンポよく語られる。コミカルな挿し絵も楽しく、ハッピーな結末がうれしい。まだ翻訳が少ないメキシコの現代児童文学。（福本）

カーネーション

いとうみく 作　酒井駒子 画

くもん出版｜2017年｜読みもの｜日本｜200P｜中学生から

母に愛されない娘と、娘を愛せない母を描く意欲作。中学
1年生の日和は、家庭に居場所がない。母は妹を溺愛し
自分を嫌っている。父は、姉娘に冷たい妻のことも、傷つ
いている娘のことも見て見ぬふりだ。クリスマスイブに事
件が起き、日和は「どんなに願ったって、祈ったって、母は
あたしを好きにはならない」と絶望し、家を飛び出した。そ
んな日和を支えてくれたのは、ひとりの少年と周囲から差し出された温かい手なの
であった。（代田）

わたしは夢を見つづける

ジャクリーン・ウッドソン 作　さくまゆみこ 訳

小学館｜2021年｜読みもの｜アメリカ｜400P｜中学生から

国際アンデルセン賞作家のウッドソンが子ども時代を振り
返り、その記憶を散文詩形式で書いた自伝的作品。彼女
が生まれたのは1963年で、黒人の差別撤廃へと大きく動
いていた時代。その時代の空気を感じながらも、日々の想
いをみずみずしい言葉でつづる。ウッドソンは、オスカー・
ワイルドの『わがままな大男』を暗唱するほどに愛読し、
物語ることに喜びを覚える。やがてその言葉への豊かな感性は、天賦の才能であ
ることを自覚していく。言葉を紡ぐ作家への夢や希望を語る言葉には人生を切り
開いていく強さがある。（神保）

紅のトキの空

ジル・ルイス 著　さくまゆみこ 訳

評論社｜2016年｜読みもの｜イギリス｜272P｜中学生から

精神を病む母、発達が遅れ手助けが必要な弟と暮らす
12歳の少女スカーレット。彼女の願いは3人の生活を守
ること。だから、母と弟の世話も買い物も洗濯もひとりで
頑張った。けれど、母親のたばこの不始末で家が焼け、
母は入院、弟は福祉施設、彼女は里親家庭へと3人は
バラバラに。スカーレットは、心を閉じた弟を助けられるのは自分だけだと意を決
し、弟を施設からさらってかくまう。つらい内容だが、けなげな主人公を支える心
ある大人たちがいる。弟が愛する鳥たちの描写が心に残る。（代田）

地図を広げて

岩瀬成子 著

偕成社｜2018年｜読みもの｜日本｜246P｜中学生から

中学1年生の鈴は父とふたり暮らしだったが、父と離婚していた母が急死したため、4年ぶりに4歳年下の弟圭と3人家族になる。鈴は圭が毎週のようにおばあちゃんの家にいきたがることや、市街地図を買ってもらって毎日、帰宅後に自転車ででかけることに不安を感じる。そして、圭の後をついていったり、祖母の家に一緒に行ったりする。鈴はそれによって、圭や母との記憶を少しずつ取り戻すと同時に、母や圭と離れて過ごした空白の4年間も自覚し、自分と母の関係について思いをめぐらしたり、圭の孤独や不安を想像したりする。作品には、鈴の学校生活も描かれており、唯一の友人である月田と学校生活の息苦しさを共有したり、文芸部で白雪姫のパロディをだれの視点から書こうかと悩んだりもする。主人公である鈴の意識の流れを追う展開が、読者の思考を促す青春小説。（土居）

拝啓 パンクスノットデッドさま

石川宏千花 著

くもん出版｜2020年｜読みもの｜日本｜224P｜中学生から

高1の晴己は幼い頃から、弟の右哉とふたりで暮らしている。父は知らず、母は生活費は振り込んでくるものの、時々しか帰ってこない。晴己は中華料理店とカラオケ屋のバイトをかけもちしながら、学校に通い、家事をし、弟の面倒を見ていた。そんな兄弟の夢は、いっしょにパンクバンドを組むこと。母の友人で近所に住むしんちゃんの影響で、パンクを聴いて育ったふたりにとって、晴己はベースを弾くこと、右哉は歌うことが唯一の楽しみだった。高校入学当初はバンド活動をする余裕はないとあきらめていた晴己だったが、バイト仲間の大学生や高校の軽音楽部のクラスメートから誘われて、少しずつ音楽活動に参加するようになる。ザ・クラッシュ、バッド・ブレインズ、ブルーハーツといった実際のアーティストの楽曲を挟み込みながら、さまざまな出会いが重なっていく過程が小気味よい。そうした出会いを通して、晴己は、一見「ふつう」に見えるひとりひとりが秘めている悩みや魅力を知っていく。そして、親に育てられなかったとしても、じつはしんちゃんはじめいろいろな大人に守られてきたこと、何より天真爛漫な弟の存在に支えられていたことに気づいていく。10代後半の世界の広がりを感じる青春小説。（奥山）

海を見た日

M・G・ヘネシー 作

杉田七重 訳

鈴木出版｜2021年｜読みもの｜アメリカ｜288P
｜中学生から

育児放棄の養母にかわり家事をしながら勉強する13歳のナヴェイア、妄想の世界に生きるヴィク、アスペルガー症候群のクエンティン、英語が話せない幼いマーラの4人は、同じ家に暮らしながら心はバラバラだった。ところがある日クエンティンの母親探しに向かう途中で、偶然一緒に観覧車に乗り、初めて海を見るという感動を共有して何かが変わり始める。年長の3人が交互に語る形で、里親制度の現実も伝わる。互いに相手を気遣うようになり、笑顔を見せる結末にほっとする。〔福本〕

こんな友だち、あんな友だち

くろいの

田中清代 作

偕成社 | 2018年 | 絵本 | 日本 | 64P | 幼児から

いつもの帰り道で、少女は真っ黒な生きもの「くろいの」と出会う。ほかの人には見えていないらしい。ある日、思い切って声をかけると、「くろいの」は黙ったまま路地を抜け、少女は塀の奥の家に招き入れられた。ふたりだけのひそやかな時間が流れる。押入れに入って屋根裏に上がると、そこには不思議な遊び場が広がっていた。絵本の原画はすべて銅版画。繊細な黒の階調が五感を刺激し、縁側の陽だまり、押入れの暗闇、草花や古い家のにおいなどを豊かによみがえらせる。（広松）

コレットのにげたインコ

イザベル・アルスノー 作

ふしみみさを 訳

偕成社｜2019年｜絵本｜アメリカ｜40P｜幼児から

引っ越してきたばかりの女の子が、ペットを飼っ
てはいけないと親に言われ、ふてくされて家を
出た。近所の子たちに「なにしてんの？」と声を
かけられ、逃げたインコを探していると、ついう
そをつく。一緒に探す子どもがどんどん増え、
どんなインコかと聞かれるたびにうそが膨ら
む。コマ割りと吹き出しで展開するシンプルな
色づかいの絵の中で、主人公のパーカーだけが黄色く目を引く。実在しないインコ
が、みんなの想像が膨らむにつれリアルに描かれていくのがおもしろい。うそがば
れても新入りを温かく迎える子どもたちが素敵。（代田）

ハンカチともだち

なかがわちひろ 作

アリス館｜2019年｜読みもの｜日本｜96P｜小学低から

ある朝、はるちゃんは、小人がベッドで寝ている絵の
ついたハンカチを見つける。ハンカチを見ていると、
小人が寝がえりを打つ。はるちゃんは、ハンカチをポ
ケットに入れて登校するが、小人が気になって仕方
がない。授業中にハンカチをのぞくと、小人は目覚
め、本を読み始める。はるちゃんは、その日に限っ
て、ハンカチを何度も使わなければならなくなる。な
んとかごまかしていたが、ついに級友が給食をこぼした時にハンカチを出さなかっ
たため、友だちに非難されてしまう。はるちゃんが教室を飛び出すと、ちょっとクラ
スで浮いているミヨンちゃんが、たくさんの雑巾を持ってきてくれる。昼食後の図
工の時間、はるちゃんがひとりで写生をしながらハンカチを見ると、小人は花畑を
作っていた。放課後、はるちゃんはミヨンちゃんと一緒に下校し、思わず自分のハ
ンカチを自慢する。すると、ミヨンちゃんも自分のハンカチを見せる。各ページの絵
は、不思議なハンカチや、ミヨンちゃんの少しがんこで個性的な様子をうまく伝え
ている。作品を通して、自分の世界を持つことの楽しさと、友だちと秘密を共有す
ることの楽しさが伝わってくる。（土居）

みんなのためいき図鑑

村上しいこ 作　中田いくみ 絵

童心社｜2021年｜読みもの｜日本｜168P｜小学中から

小学4年生の「たのちん」の学校では、班ごとに「オリジナル図鑑」を作り、授業参観日に発表することになった。たのちんの班では「ためいき図鑑」を作ることになり、ためいきはどんな理由でどんな場所でつくのかを調査していく。班には、絵の得意な小雪や保健室登校を続けているゆらもいる。たのちんは図鑑の絵をゆらにたのんで、教室に戻るきっかけを作ろうとするが、小雪は自分が絵を描くと言ってゆずらない。女子ふたりの間で悩むたのちんの相談相手は、ためいきから生まれたという「ためいきこぞう」。最初は着物姿の小さな男の子の絵だったのが、帰宅するとランドセルから飛び出し、口をきくようになったのだ。たのちんは、ためいきこぞうが集まる「ためフェス」に出かけ、ゆらと小雪のためいきこぞうたちから情報を聞き出して、班をまとめる糸口をつかむ。仲間同士の会話が関西弁でテンポよく進み、友だち関係で悩みながらもなんとか解決していく様子が楽しく描かれる。現実的な学校物語の中に、不思議な存在のためいきこぞうが違和感なく入り込み、愉快な趣を添えている。巻末に、できあがった「ためいき図鑑」が載っているのもうれしい。（福本）

あららのはたけ

村中李衣 作　石川えりこ 絵

偕成社｜2019年｜読みもの｜日本｜216P｜小学中から

山口に引っ越した10歳のえりと、横浜にとどまっている親友のエミが交換する手紙を通して物語が進行する。えりは祖父に小さな畑をもらい、イチゴやハーブを育てることにする。そして、踏まれてもたくましく生きる雑草のことや、台風の前だといい加減にしか巣作りをしないクモのことや、桃の木についた毛虫が飛ばした毛に刺されて顔が腫れてしまったことなど、自然との触れ合いで感じたこと、考えたことをエミに書き送る。都会で育った子どもが田舎に行って新鮮な驚きをおぼえたり、感嘆したりしている様子が伝わってくる。エミは、えりの手紙に触発されて調べたことや、今は自分の部屋に引きこもっている同級生のけんちゃんの消息を、えりに伝える。えりもエミも、幼なじみのけんちゃんのことを気にかけているからだ。失敗の体験から学ぶことを大事にしているえりの祖父、まわりの空気を読まないで堂々としている転校生のまるも、けんちゃんをいじめたけれど内心は謝りたいと思っているカズキなど、脇役もしっかり描写されている。今の時代に、電話や電子メールではなく、手紙のやりとりによってふたりがつながりを深めていく様子は興味深いし、えりから届いた野菜の箱の中からカエルがぴょんと飛び出したことがきっかけで、けんちゃんに変化が訪れるという終わり方はすがすがしい。（さくま）

じゅげむの夏

最上一平 作　マメイケダ 絵

佼成出版社｜2023年｜読みもの｜日本｜128P
｜小学中から

アキラ、山ちゃん、シューちゃん、かっちゃんは、天神集落に住む幼なじみの同級生4人組。たまり場は、落語家になるのが夢で「じゅげむ」が得意な、かっちゃんの部屋だ。かっちゃんは筋ジストロフィーで、だんだん動けなくなっている。やがて歩けなくなること、大人になっても長生きはできそうもないことを4人は知っている。

夏休み初日、かっちゃんの「四年生の夏休みを、最高の夏休みにしようよ」という言葉に、皆で冒険をしよう、と考える。最初の冒険では、クマを投げ飛ばしたという熊吉つぁんの謎を探りに行く。ところが、クマに襲われたときの生々しい傷が頬に残る熊吉つぁんが、飼っているヒヨコに「ひよこちゃん」と呼びかける姿に拍子抜けする。7月最後の日、かっちゃんは天神橋からの飛び込みを決行する。それは、村の子どもの儀式だった。来年には飛べなくなるかもしれないから、と橋の上に立つかっちゃんを、3人は息をつめて見守る。8月、かっちゃんは、いかずち山の樹齢1000年のおばけトチノキを見にいこう、と言いだす。3人はかっちゃんをねこ（手押しの一輪車）に乗せ、ガタボコの農道をふらふらと進む。ようやくたどり着いたトチノキの根元の大きな空洞の中で4人並んで寝転び、将来何になりたいかを語り合う。未来の不安を考えるのではなく、今を懸命に生き、最高の時間をともに過ごす少年たちの姿がまぶしい。（汐﨑）

おいで、アラスカ！

アンナ・ウォルツ 作　野坂悦子 訳

フレーベル館｜2020年｜読みもの｜オランダ
｜260P｜小学高から

12歳の少女パーケルは、ゴールデンレトリバーのアラスカを飼っていたが、弟にアレルギーがあり手放した。ところが新しい飼い主は、中学で同じ組になったいじわるな転校生スフェンだとわかる。最初は反目するふたりだが、スフェンにはてんかんの発作があり介助犬が必要なことや、パーケルには両親の店が強盗に襲われた過去があるとわかるにつれ、少しずつ距離が縮まっていく。ふたりが1章ごとに交互に語る形で、次第に真相が明かされ、緊迫感をもって一気に結末へと向かう。不安を抱えるふたりに、犬の存在が大きな救いとなっている。（福本）

ゆかいな床井くん

戸森しるこ 著

講談社｜2018年｜読みもの｜日本｜192P｜小学高から

6年生になった暦の隣には、人気者の床井君が座っている。クラスでいちばん背が低い床井君はウンコの話もするし下品だけど、クラスでいちばん背が高い暦のことを「いいなあ」と純粋にうらやましがる。そのおかげで、「巨人族」とか「デカ女」という悪口も影をひそめている。暦は、クラスの同調圧力に一応気を遣って自分の考えをはっきり言わないこともあるが、床井君は、自分の意見をはっきり言うし、どの人にもいいところがあることをよく見ている。そんな床井君に暦はしだいに好意を持つようになる。全部で14章あるが、1章ごとにひとつのエピソードが紹介されていく。性への関心が強まり教育実習生に「巨乳じゃん」と言ってしまうトーヤ、学校のトイレで生理になり困ってしまう小森さん、塾では普通に話すのに学校では言葉を発することができない鈴木さん、父親が失業し友だちに八つ当たりしてしまう勝田さんなど、クラスにはさまざまな生徒がいる。なにかが起こるたびに暦は考え、床井君の反応に感心し、違う見方ができるようになって次のステップを踏み出していく。

文章にはユーモアがあり、床井君というキャラクターの魅力もあってぐんぐん読ませる。しかも読者の子どもは、読んだ後「新たな視野」を手に入れることができるかもしれない。（さくま）

ぼくの弱虫をなおすには

K・L・ゴーイング 作　早川世詩男 絵

久保陽子 訳

徳間書店｜2021年｜読みもの｜アメリカ｜256P｜小学高から

舞台は1976年のアメリカ・ジョージア州。小学4年生で弱虫の少年ゲイブリエルは、1学年上のデュークたちにいじめられてばかり。友だちは、肌の色が違う少女フリータだけ。ゲイブリエルは、5年生になるとデュークと同じ校舎になるので、進級したくないというが、フリータは怖いものを書き出して、それを克服しようという。フリータがゲイブリエルをいじめたデュークに殴りかかると、デュークの父がフリータをニガーと呼ぶ。弱虫とは何か、真の勇気とは何かが、学校のいじめや地域の人種差別を通して描かれていて考えさせる。（土居）

山賊のむすめローニャ
（リンドグレーン・コレクション）

アストリッド・リンドグレーン 作

ヘレンハルメ美穂 訳　**イロン・ヴィークランド** 絵

岩波書店｜2021年｜読みもの｜スウェーデン｜302P
｜小学高から

ローニャは山賊の頭マッティスの娘として生まれ、仲間で唯一の子どもとして大切に育てられる。ある日、ローニャは、森の中でマッティスの宿敵、山賊ボルカの息子ビルクと出会う。ふたりは互いの命を救ったことで「きょうだい」になる。ふたりの仲は秘されていたが、ある日見つかり、マッティスはローニャを勘当する。ローニャとビルクは家出をし、森のほら穴で夏を過ごす。愛し合いながらも和解できないローニャと父や、自然の中で自由に生きるローニャたちの暮らしが印象深い。1982年の初版と異なる訳者による再版。（土居）

熊とにんげん

ライナー・チムニク 作・絵　**上田真而子** 訳

徳間書店｜2018年｜読みもの｜ドイツ｜104P｜小学高から

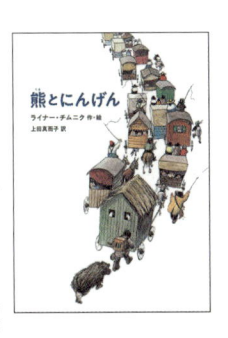

旅芸人の「熊おじさん」はお手玉の名手で、手回しオルガンのメロディに合わせてクマが踊るのも見せながら、村から村へと旅をし続けていた。おじさんは相棒のクマをこよなく愛し、クマの言葉がわかり、季節の変化を楽しみ、澄んだ音を角笛で吹いた。心に響く名訳で、人間が生きるのに本当に必要なものは何かを読者に気づかせてくれる、喜びと美しさと愛と哀しみがたっぷりつまった絵物語。1982年に翻訳出版されたチムニクのデビュー作が、出版社をかえて復刊された。（さくま）

色どろぼうをさがして

エヴァ・ジョゼフコヴィッチ 作　大作道子 訳

ポプラ社 | 2020年 | 読みもの | イギリス | 216P | 小学高から

12歳の少女イジーは毎晩、不気味な男が現れるという悪夢を見る。すると、ママが描いた壁の絵からひとつずつ色が消える。ママは、イジーと乗っていた車で交通事故にあい、昏睡状態。事故を自分のせいだと責めるイジーは、学校では幼なじみにいじめられる。そんなとき、隣に引っ越してきた車いすの少年と出会い、白鳥のひなを一緒に観察する。そして学校では、劇で主役を演じる。色どろぼうの正体を知りたいと思って読み進めながら、イジーが少しずつ自分を取り戻していく気持ちの変化を追体験することができる。（土居）

スクラッチ

歌代朔 作

あかね書房 | 2022年 | 読みもの | 日本 | 336P | 中学生から

鈴音がバレー部のキャプテンになった中学3年の夏、コロナ禍で総合体育大会が中止になった。鈴音は目標を失い、やるせない思いをどこにぶつけていいかわからずにいた。美術部の部長の千暁も、絵を出展する予定だった「市郡展」の審査が中止になりがっかりするが、何も考えまいとした。

審査はなくなったが、千暁は体育祭に飾るパネル絵の制作に取り組む。その絵に鈴音はうっかり墨汁をたらしてしまう。黒は千暁がめったに使わない色だった。5年前に洪水の被害に遭った後は、明るい色ばかり選ぶようになっていたのだ。千暁は汚された絵を真黒に塗りつぶし、パレットナイフでその黒を削るスクラッチの技法で絵を描き始めた。塗りこめた黒から下地の鮮やかな色合いが見えたとき、千暁の心に変化が起きる。我慢することを当たり前と思い、「陰キャ」「コミュ障」を自称して人前では感情を極力出さずにいたが、「これが描きたい」という強い感情に導かれるまま、キャンバスに向かった。描き終えたとき、千暁には他人の目や評価を気にしない今の自分の姿が見えた。部員に対して平気な顔を装っていた鈴音も、汚した絵の前で感情を爆発させて大泣きをして、何かを吹っ切った気持ちになる。コロナ禍の陰鬱な経験を乗り越えて成長する中学生のひと夏を描いた作品。（汐﨑）

むこう岸

安田夏菜 著

講談社｜2018年｜読みもの｜日本｜256P｜中学生から

和真は、医者の父の強い薦めで進学校へ入学するが勉強についていけず、中学3年生になって公立中学へ転校する。帰宅して麦茶を飲むつもりが梅酒を飲んでしまい、酔っぱらって陸橋から身を乗り出したところを、同じクラスの樹希に救われる。樹希は、和真を「カフェ・居場所」に連れていく。そして、酔っぱらった和真が語った過去を秘密にする代わりに、友人で父がナイジェリア出身のアベルに勉強を教えるように言う。和真は、アベルに勉強を教えることで自分の存在意義を感じ、一方、人前で言葉を話さないアベルは、勉強すればできるという自信を持ち始める。父が亡くなり、母がパニック障害で、幼い妹がいて、生活保護を受けている樹希は、和真の協力によって、生活保護を受けながらも進学できることを知り、生きることに前向きになれる。3人がそれぞれに生きる希望を見いだした時に、和真の行き過ぎた行動がきっかけで「カフェ・居場所」への放火事件が起こり、和真は引きこもる。和真と樹希の視点が入れ替わりながら描かれており、異なる立場から見ることの大切さが伝わる。また、貧困、差別、威圧的な父親という現実の厳しさを描きながら、学ぶこと、考えること、助け合うことで自分たちの未来を切り開いていく3人の若者の様子もいきいきと描かれている。（土居）

太陽と月の大地*

コンチャ・ロペス＝ナルバエス 著

宇野和美 訳　松本里美 画

福音館書店｜2017年｜読みもの｜スペイン｜184P
｜中学生から

8世紀以降15世紀末まで、スペインはイスラム帝国の支配下にあった。この物語は、国土が回復した16世紀のグラナダを舞台に、キリスト教徒とイスラム教徒の確執を越えて結ばれた友情と、引き裂かれる運命を描く。モリスコ（キリスト教に改宗したイスラム教徒）の老人ディアスと、アルベーニャ伯爵家前当主ドン・ゴンサロは幼少期からの親友だが、孫の世代になるとふたつの勢力の対立に翻弄されていく。その溝を越えて理解し合おうとする姿に希望がある。スペインで長く読み継がれてきた作品の初邦訳。（神保）

スベらない同盟

にかいどう青 著

講談社｜2019年｜読みもの｜日本｜256P｜中学生から

学校の人気者を自負し、いじめられている「かわいそうな級友」を救ってみんなに認めさせるつもりが、その思い上がりのためにしっぺ返しをくらう中学2年生のレオを描いた作品。レオは、ある日、前の席の恵一がトイレに閉じ込められているのを助ける。レオたちの担任の先生は恵一に対するいじめを知り、レオに恵一の面倒を見てくれと依頼する。レオは恵一を軽音楽部に誘うが、恵一に文才があることを知り、恵一をいじめられっ子から人気者に変身させるために、ふたりで漫才コンビ「スベらない同盟」を組み、恵一が書いたネタを文化祭で演じることにする。ところが、夏休みを境に、レオの立場が大きく変化する。恵一をいじめていた級友が、レオをいじめのターゲットにするのだ。それに加えて恵一も、レオが自分に近づいたのは先生に言われたからだと知り、レオから離れていく。そこでレオは独りで文化祭に出場することになる。友だち関係の難しさ、思春期にだれもが抱えるコンプレックスや自意識過剰な様子が、登場人物どうしのユーモラスな会話から浮かび上がってくる。後半にある読者を驚かせるしかけも興味深い。（土居）

わたしが少女型ロボット
だったころ

石川宏千花 著

偕成社｜2018年｜読みもの｜日本｜252P｜中学生から

主人公は、中学3年生の少女・多鶴。フリーランスで生活雑貨デザイナーのママは、12歳年下の元同僚の女性と特別な関係らしい。ママには不仲の母親しか家族はいないから、独身が寂しくなって一緒に暮らす人が欲しくなったのかと少女は思うが、ママとふたりだけの秘密が存在しなくなるのではと不安でもある。多鶴は、なぜか急にママの作った朝食が食べられなくなるのだが、自分が少女型ロボット〈TA-ZOO〉だったと思い込む。ロボットなら食事をしなくても生きられると多鶴は納得する。多鶴の事を心配する元同級生だった少年は、彼女に寄り添い必死に支える。自分でも理解しがたい不安から摂食障害になり昏迷する多鶴が、少年に支えられて困難を乗り越え自己を回復する、爽やかな思春期の少年少女のラブストーリーでもある。（野上）

夜フクロウと
ドッグフィッシュ

ホリー・ゴールドバーグ・スローン、

メグ・ウォリッツァー 作

三辺律子 訳

小学館｜2020年｜読みもの｜アメリカ｜176P
｜中学生から

メールの文面を並べて展開する物語。ニューヨークに
住む幼児の女の子が、西海岸に住む見知らぬ女の子か
ら、そっちのお父さんとうちのお父さんは今、つき合ってる、というメールをもらう。
父親同士は、娘たちを仲よくさせようと、夏休みに同じキャンプに送る作戦。娘た
ちは正反対の性格ながら、その手には乗るまいと画策するうち仲よくなり、結局別
れてしまった父親たちのヨリを戻そうと逆に団結する。別れた母親からの手紙など
も混ざり複雑な状況が明かされる中、事態は急展開する。書名は少女ふたりのハ
ンドルネーム。（福本）

フラダン

古内一絵 作

小峰書店｜2016年｜読みもの｜日本｜292P
｜中学生から

笑いながら読める青春小説だが、福島の原発事故をめ
ぐる状況や、多様な人々とのぶつかりあいや交流など
も書かれていて味わいが深い。工業高校に通う辻本
穣（ゆたか）は、水泳部をやめたとたん「フラダンス愛好会」に
強引に勧誘される。しぶしぶいってみると、女子ばか
り。ところが、シンガポールからのイケメン転校生、
オッサンタイプの柔道部員、父親が東電に勤める軟弱男子も加入してくる。穣は男
子チームを率いることになり、最初は嫌々だが、だんだんおもしろさもわかってき
て、真剣になっていく。JBBY賞（文学部門）受賞作。（さくま）

おじいちゃんと
おばあちゃん

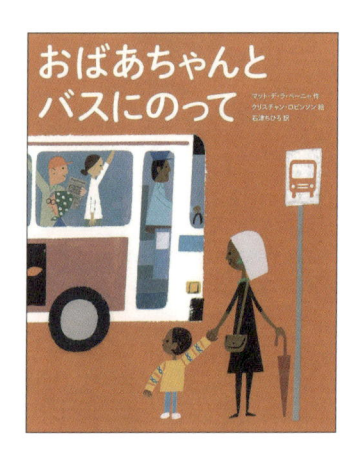

おばあちゃんとバスにのって

マット・デ・ラ・ペーニャ 作

クリスチャン・ロビンソン 絵　石津ちひろ 訳

鈴木出版 | 2016年 | 絵本 | アメリカ | 32P | 幼児から

雨の日曜日、ジェイはおばあちゃんと一緒にバスに乗ってお出かけ。おしゃれなおばあちゃんは、人生の楽しみ方がちゃんとわかっていて、乗ってくる人たちにあいさつし鼻歌をうたう。すると、にこにこ顔がまわりにも広がっていく。終点で降りてふたりが向かったのは、ボランティア食堂。ふたりは、ここにやってくる恵まれない人たちに食事をよそい、さまざまな人との触れあいを楽しむ。生きていく上で何が本当に大事かがわかってくるような絵本。（さくま）

おばあちゃんのわすれもの

森山京 作　100%ORANGE 絵

のら書店｜2018年｜読みもの｜日本｜56P｜幼児から

こぶたのトンタは、おばあちゃんが膝の治療のため月に一度町の病院に行くお供をする。乗りもの好きのトンタにとって、行き帰りのバスに乗るのが楽しみなのだ。診察が終わると、おばあちゃんは商店街のお店に寄って家族のためにいろいろな買いものをする。トンタはおばあちゃんの買いものを全部大きなリュックに詰め込む。それを背負っておばあちゃんと町の中を歩くのはカッコ悪くて嫌だとトンタは思うのだが、それもお供の条件だから仕方がない。町に行くたのしみのもうひとつは、カフェに寄ってアイスを食べること。カフェを出てバス乗り場に行くと、おばあちゃんは杖を忘れてきたことに気がつく。トンタは、杖を探しに、今まで寄ったお店をたどりながら町の中を駆けめぐる。杖は最初に訪れた病院で見つかるが、お医者さんは、杖を忘れて帰るくらいだから、おばあちゃんの膝も治ったみたいだねとトンタに言う。帰りのバスで、おばあちゃんの忘れもの探しで疲れたトンタはひと眠り。バスから降りた瞬間、トンタも友だちとの約束を忘れていたことに気がつく。いろいろな動物たちが暮らしている町を、おばあちゃんのお供をして歩き回るトンタの1日が、ほほえましくユーモラスに描かれ、おばあちゃんと孫との心の触れ合いが、ほのぼのと伝わってくる楽しい幼年童話。
（野上）

よあけ

あべ弘士 作

偕成社｜2021年｜絵本｜日本｜36P｜小学低から

紅葉の美しい秋、子どもだった「わたし」が、じいさんと舟で川を旅した体験を描いた絵本。猟師であるじいさんは、わたしを連れて動物の毛皮を売りに町へ行く。夜には陸にあがって火をおこし、じいさんはトラと遭遇した話を語る。満天の星を見て眠りにつき、霧の中で目を覚ます。そして、舟をこぎ出すと、夜明けが訪れる。どの風景も、じいさんと孫が大自然の中で生きていることを感じさせて美しい。ユリー・シュルヴィッツの『よあけ』や、神沢利子／G.D.パヴリーシンの『鹿よ　おれの兄弟よ』などに敬意を表した絵本。
（土居）

徳治郎とボク

花形みつる 著

理論社｜2019年｜読みもの｜日本｜240P｜小学高から

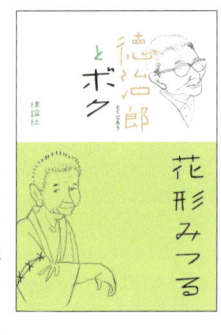

徳治郎というのは、この本の主人公で語り手でもある「ボク」の祖父の名前。祖父は、祖母が亡くなってからひとりで暮らしている。耳が遠く、しかも頑固者でへそ曲がり。祖父には、ボクのお母さんをはじめ、3人の娘がいる。お盆に家族が集まっても、祖父はひとりでむっつりテレビを見ている。

口数が少なく気むずかしい祖父だが、竹とんぼを作ってくれたり、裏山でカブトムシやクワガタムシを採ったり、自然のすばらしさを教えてくれたり、少しずつ昔の話もしてくれたりする。関東大震災のあった大正12年の生まれだという、祖父の子ども時代の話はおもしろい。勉強はできないが運動会では主役。友だち同士での危険な石投げ合戦。山からクリやアケビやヤマブドウなどを取ってくるばかりか、よその畑に忍び込んでトマトやビワやナツミカンを盗み、捕まるとひどい目にあうから命がけだったなどと平気で話す。祖父は両親も手を焼く悪ガキだったのだ。大好きな祖父はその後心筋梗塞で倒れ、次第に死に向かっていくのにボクは寄り添う。4歳から小学6年生までのボクの目を通して頑固者の祖父の人生が浮かび上がってくる。それはまた、祖父が生きた時代と当時の暮らしも映し出し、ボクの現在につながる家族の歴史とも重なるのだ。祖父の介護をめぐる家族のやりとり、秘められた祖父の戦争体験などもからめながら、孫との交流の中から祖父の生きざまが感傷を交えず克明に伝わってくる。臨終の病床でのふたりの最後の会話も淡々としていて感動を誘う。JBBY賞（文学部門）受賞作。（野上）

おじいちゃんとの最後の旅

ウルフ・スタルク 作　キティ・クローザー 絵

菱木晃子 訳

徳間書店｜2020年｜読みもの｜スウェーデン｜168P｜小学高から

入院中の祖父は、わがままで頑固で汚い言葉を連発するので、看護師さんたちをうんざりさせている。でも孫息子のウルフは、ひそかに計画を練り、嘘もつき、危険も冒して、「やりたいことがある」と言う祖父を病院から脱出させる。そしてふたりは祖父が祖母と住んでいた島の「岩山の家」まで旅をする。ユーモラスな会話を通して、愛に不器用だった祖父の姿や、祖父と父、父とウルフのぎくしゃくする関係などが浮かび上がる。自分の祖父の思い出をたっぷりと盛り込んだ、この作家の最後の作品。味のある挿し絵も秀逸。（さくま）

こんとんじいちゃんの裏庭

村上しいこ 作

小学館｜2017年｜読みもの｜日本｜256P｜中学生から

リアルな状況を踏まえた男の子の成長物語だが、同時に現代ならではの冒険物語にもなっている。中学3年生の悠斗の祖父は、交通事故にあって入院し、意識が混濁したままになる。しかも悠斗の家族は、加害者から損害賠償を請求される。納得できない悠斗は、警察、保険会社、日弁連の法律センターなどを回って真相究明にのりだす。一方で、祖父のかわりに「裏庭」の果樹の世話も続ける。こうした過程を通して周囲の人々を一面的にしか見ていなかったことに気づいた悠斗は、多面的な視点を獲得して成長していく。（さくま）

なかよしの犬は どこ?

エミリー・サットン 作・絵
のざわかおり 訳

徳間書店｜2022年｜絵本｜イギリス｜28P｜幼児から

知らない町へ引っ越してきたばかりの女の子が、心細く思いながら裏庭でひとりぽつんとしていると、小さな犬が現れる。女の子はこの犬と楽しく遊び、次の日もまた来てほしいと願うが、犬は現れない。女の子はお父さんと買いものをしながら犬を探してまわり、最後は犬の飼い主の男の子と友だちになる。女の子の部屋にある宇宙船や恐竜などのおもちゃ、家事をするお父さん、女の子を歓迎してくれる町の人たちのあたたかさ、さりげなくあちこちに登場する犬など、絵からもいろいろな発見ができて楽しい。(さくま)

とっても なまえの おおい ネコ

ケイティ・ハーネット 作　松川真弓 訳

評論社│2018年│絵本│イギリス│24P│幼児から

主人公は、太い眉毛と力強い目が印象的なネコ。このネコは毎日、はなさき通りの家を渡り歩いて生活し、家の数だけ違う名前で呼ばれている。朝ご飯をもらう家ではアーチー、絵のモデルになる家ではバレンタインというように。ネコが訪れたことのない家は、だれとも交流しないひとり暮らしのおばあさん、マレーさんの家だけ。ネコはある日、宅配便と一緒にこの家を訪れ、定住を決め、物語は急展開する。同じネコを愛する心がつながれば、思いがけないコミュニティが生まれる。楽しくて深い絵本。（代田）

ふしぎなしっぽのねこ カティンカ

ジュディス・カー 作　こだまともこ 訳

徳間書店│2018年│絵本│イギリス│32P│幼児から

ひとり暮らしのおばあさんが、一緒に暮らすネコのカティンカを紹介する。カティンカは白い体にしま模様のしっぽを持っており、変わっていると人にいわれるが、おばあさんは「ふつうのネコ」だという。ある夜、おばあさんがカティンカを追いかけて森へ行くと、カティンカのしっぽが光り、一緒にいた動物たちとともに空を飛ぶ。それからおばあさんは、「しっぽだけは　ちょっぴり　とくべつ」と紹介するようになる。お互いの個性を尊重し合って生きるおばあさんとカティンカの関係が、ユーモラスかつ想像力豊かに描かれている。（土居）

嵐をしずめたネコの歌

アントニア・バーバー 作

ニコラ・ベイリー 絵　おびかゆうこ 訳

徳間書店│2019年│読みもの│イギリス│64P│小学低から

イギリスのコーンウォール地方のマウスホールという港町に大嵐がきて、何日も漁に出られなくなり、クリスマスが近いのに食べるものがなくなる。村に住む漁師のおじいさんのトムとネコのモーザーは、みんなのために嵐の中、命がけで魚を捕りに行くことにする。トムたちが船を出すと、嵐の大ネコが襲ってくるが、モーザーは大ネコのために歌をうたって嵐をしずめる。この地方の伝説を元にしており、挿し絵がたっぷりあって昔話風の豊かな物語が楽しめる。特に、嵐を大ネコに見立てた絵は迫力満点。（土居）

わたしと いろんなねこ

おくはらゆめ 作・絵

あかね書房｜2018年｜読みもの｜日本｜95P
｜小学低から

小学3年生のあやは、ネコが大好き。両親は共働きで、ネコを飼うことを許してくれない。今日、あやは気が重い。仲良しのアッキーとけんかをしたままだし、児童館で知り合ったさくらちゃんにも、話しかけたとたんに逃げられてしまった。話し相手がほしいけれどだれもいない。家に帰ったあやは、いつものように〝透明なネコ〟を抱いて、ふわふわ背中をなでているふりをしてみた。透明なネコでもおしゃべりをすると楽しいし、気持ちが落ち着く。ある日、あやがだれもいない家に帰ると、巨大なネコが現れた。ネコは、あやとほんの少し一緒に過ごしただけで、すぐに消えてしまった。また別の日には、キーホルダーくらいの小さなネコが……。このネコたちは、なぜ現れたのか？ 伸びやかで独特な味わいのある絵で、小学生の日常に起こった不思議な出来事を、女の子の心の動きを掬い取りながら描く。（代田）

ネコとなかよくなろうよ

トミー・デ・パオラ 作

福本友美子 訳

光村教育図書｜2020年｜NF｜アメリカ｜32P
｜小学低から

ネコが飼いたいパトリックは、ネコのことならおまかせ、というキララおばさんのところへやってくる。そしてさまざまなネコの種類についての説明を聞き、古代エジプトから現代に至るまでの人びととの、ネコとのつき合い方の変遷を知り、ネコが登場する絵やお話について教えてもらい、ペットとして飼うための秘訣を話してもらう。自分もネコを飼っていた作者が、キララおばさんの姿を借りて、子どもに知っておいてほしいネコについての知識のあれこれを、楽しい絵とともにわかりやすく伝えている絵本。（さくま）

へそまがりねこマックス

ソフィー・ブラッコール 作

石津ちひろ 訳

光村教育図書｜2022年｜絵本｜アメリカ｜32P
｜小学低から

ぼくが保護ネコシェルターから引き取ったネコのマックスは、何をしてやってもまったく愛想のないへそまがり。家族の不満がつのり、困ったぼくは、ふと絵本を手に取ってゆっくりと読み始める。するとマックスがすり寄ってきて、最後まで聞いてくれた！ ぼくはクラスの友だちも誘って、シェルターのネコたちに本を読み聞かせる活動を始める。作者が実在のプログラムに取材し、自分の飼いネコをモデルにして作った絵本。ページごとに構図を工夫したユーモラスな絵が楽しい。登場人物の肌の色がさまざまで、多様性にも配慮されている。（福本）

ねこの小児科医 ローベルト

木地雅映子 作　五十嵐大介 絵

偕成社｜2019年｜読みもの｜日本｜72P｜小学中から

ユキの隣で寝ていた弟のユウくんが、夜中に突然おう吐し苦しみ始めた。お腹の調子もおかしい。両親はどうしたらいいかわからず、おろおろするばかりで、救急車を呼んだほうがよいのか決断できない。その時、ユキは電話帳に「夜間救急専門小児科医松田ローベルト」という文字が光っているのを見つけ、不思議に思いながらも急いで電話をかけてみた。やがてとても小さなバイクに乗り、小さなヘルメットとゴーグルをつけたお医者さんが到着。白衣をひらりとひるがえし、さっそうと降り立ったが、それはなんと大きな白黒のネコだった！ ネコのお医者さんは、即座にロタウィルスと診断し、経口補水液を飲ませ、症状が治まるとその後の治療法を伝えて帰っていった。みなほっと安心したが、朝になると両親はなぜか松田先生のことを覚えていない。松田ローベルト先生が助けてくれた！ と訴えると、お母さんはローベルトならそこと、リビングで寝ているネコを指さす。あれは夢だったのかと、だんだんわからなくなるユキ。しかし1週間後、夜中にユキが電話の音で目を覚ますと、ローベルトが携帯で話しながら白衣を着ているところだった。ローベルトは往診から帰らず、ユキ以外の家族の記憶からすっかり消えてしまう。日常生活に、子どもしか見られない不思議な出来事を巧みに埋め込んだファンタジー作品。（汐﨑）

子ぶたのトリュフ

ヘレン・ピータース 文

エリー・スノードン 絵

もりうちすみこ 訳

さ・え・ら書房｜2018年｜読みもの｜アメリカ｜208P
｜小学中から

ある日ジャスミンは、お隣の農場で瀕死の子ブタを見つける。しかし、大人は「適者生存が自然の掟」といって救おうとしない。そこでジャスミンはこっそり子ブタを連れ帰り、トリュフと名づけて世話をする。ペットとして認めてくれない両親を説得するためにジャスミンがしたことは、鼻がきくという特性を生かして、捜索ブタとしてトリュフを訓練することだった。獣医である母親の姿を見て育ったジャスミンが、小さな生命に対する責任感を持って、勇敢に行動する姿はとても好ましい。（神保）

天邪鬼な皇子と唐の黒猫

渡辺仙州 作

ポプラ社｜2020年｜読みもの｜日本｜304P｜小学高から

9世紀、唐で捕らえられ、日本に連れてこられた黒ネコが、天皇に献上される。このネコは、戦場で人間として戦っている夢を何度も見、人の言葉を理解し、話すことができる。
天皇は、ネコを息子の定省に譲る。黒ネコは、最初定省に籠に閉じ込められていたが、定省に人間の言葉で話しかけ、家と外を自由に行き来できるように交渉する。定省は、ネコをクロと名づける。その頃、人間の世界では、藤原家が政治の実権を握っていた。定省も、義子という妻がいるにもかかわらず、父の命令で藤原家の娘・胤子をめとらされる。書物や和歌を好むふたりの妻は、意気投合し仲よくなる。一方、ネコの世界では、クロが、右京の親玉の野良ネコと対等に闘い、左京の親玉である皇太后の飼いネコに呼び出される。2匹は、人間だった前世で知り合いだったことがわかる。クロが来日して3年後、天皇が崩御し定省が天皇になる。しかし、藤原基経が定省の政治を邪魔し、クロは定省のためにひと肌脱ぐことになる。平安時代の貴族の人間模様とネコの縄張り争いが、黒ネコの視点でユーモラスに描かれている。（土居）

ルーミーとオリーブの 特別な10か月

ジョーン・バウアー 作　杉田七重 訳

小学館｜2021年｜読みもの｜アメリカ｜336P ｜小学高から

相次ぐ両親の死で12歳のオリーブは突然、初対面のような28歳の異母姉モーディーと暮らすことになる。オリーブは大の犬好きで、盲導犬候補の子犬ルーミーと出会い、パピーウォーカーという存在と役割に興味を持つ。訓練所に行く前の子犬を約10か月間預かり育てるボランティアだ。「世界一かわいい」ルーミーと、念願かなってパピーウォーカーとなったオリーブの日常が愛情いっぱいに描かれ、子犬を抱きかかえる感触が読み手の腕にも残るほど。ふたりを支えてくれる人びとが魅力的で、姉妹の絆が深まっていく様子もうれしい。（本田）

サヨナラの前に、 ギズモにさせて あげたい9のこと

ベン・デイヴィス 作

杉田七重 訳

小学館｜2021年｜読みもの｜イギリス｜368P ｜小学高から

13歳のジョージは愛犬ギズモが老い先短いと知り、死別の時までにさせてあげたいことをリストにする。ドッグコンテストで優勝させようと計画する中で犬訓練士見習いのリブと出会い、ふたりはリストにあることをひとつずつ実行していく。そんなときにふたりは思わぬ事件に遭遇するが、ギズモが最後の力を振り絞って大活躍する。正義感が強く前向きなリブに啓発されて精神的に成長していくジョージ。両親の離婚、いじめ、安楽死、貧困、ヤングケアラーの問題などを物語に織り込みつつ、ギズモとの深い絆を描く。（神保）

ギヴ・ミー・ア・チャンス

〜犬と少年の再出発

大塚敦子 著

講談社｜2018年｜NF｜日本｜208P｜中学生から

2014年、千葉県の八街少年院で、少年たちに保護犬を訓練してもらうプログラムが始まった。第1期に参加する少年は3名。捨てられたり手放されたりして動物愛護センターなどに保護された犬が3匹。犬と少年は1対1のペアになって3か月の間授業を受け、一般家庭に犬を引き渡すための訓練を行う。

本書は、その訓練の日々に密着したドキュメンタリー。それぞれの犬と少年の間に信頼感が芽生え、しだいに心が通い合い、両者ともに変わっていく様子をいきいきと伝えている。犬の表情をうまくとらえた写真と、抑制のきいた文章が心にひびく。（さくま）

ダーシェンカ（愛蔵版）

カレル・チャペック 著

供田良輔 訳

青土社｜2020年｜NF｜チェコ｜144P｜中学生から

ダーシェンカは、著者が飼っていたフォックステリア。「片手にひょいと載せられるほどの、白い小さなかたまりだった」時から、歩けるようになっても「足を1本見失ってしまい、4本であることをすわりなおして確認しなくてはならな」かったり、なんでもかんでも手当たり次第にかんでしまったり、おしっこの水たまりをあっちこっちに作ったり…愛犬が成長していく過程を、味のある文章と、愛情あふれる写真と、ゆかいなイラストで描写した本。

ヒトラーとナチスを痛烈に批判し、権力やファシズムと闘いつづけたチェコの国民的作家の、日常生活や人となりを知るうえでもおもしろい。（さくま）

こんぴら狗

今井恭子 著

いぬんこ 画

くもん出版｜2017年｜読みもの｜日本｜344P
｜中学生から

江戸時代、商店の娘・弥生に拾われて大きくなった
犬のムツキは、ある日、江戸から讃岐（今の香川県）
にある金比羅神社までお参りに出される。弥生の病
気の治癒を祈願する家族の代理で参拝することに
なったのだ。ムツキは途中で、托鉢僧、にせ薬の行
商人、芸者見習い、大工、盲目の少年など、さまざま
な職業や年齢の人びとに出会い、ひとときの間道連れになって旅をする。そして、
川に落ちたり、雷鳴に驚いてやみくもに逃げ出して迷子になったり、姿のいい雌犬
と出会って仲良くなったり、追いはぎに襲われた道連れを助けたり、といろいろな
体験をしながら、金比羅神社までの往復をなしとげる。ムツキをかわいがっていた
盲目の少年が、やがてムツキの子どもをもらうという終わり方にもホッとできる。た
くさんの資料や文献にあたったうえで紡がれた、愛らしいリアルな物語。（さくま）

トラといっしょに

ダイアン・ホフマイアー 文
ジェシー・ホジスン 絵
さくまゆみこ 訳

徳間書店 | 2020年 | 絵本 | イギリス | 24P | 幼児から

美術館でアンリ・ルソーのトラの絵を見たトムは、帰宅してトラの絵を描く。夜、闇が広がってトラが出現すると、こわがりなトムは恐れを感じながらもトラの背中に乗り、ルソーの絵のような奥深い森に分け入っていく。トラとともに川にもぐり、夜空を駆けぬけ、家に戻ると、こわい気持ちはすっかり消えていた。絵画という芸術の力によって、トムが恐怖と向き合い、乗りこえられたことが伝わる。あやしい夜の風景と、迫力満点の大きなトラと、好奇心旺盛な目をしたアジア系の少年の絵が印象深い。(土居)

すてきなひとりぼっち

なかがわちひろ 作

のら書店｜2021年｜読みもの｜日本｜56P｜小学低から

一平は、学校でひとりぼっちになることが多い。いつのまにかほかの子は次の行動に移っていたり、つまずいて転んで、みんなから遅れたりすることもある。ある雨の日、家に戻ったら鍵がかかっていた。一平は寒いし、おなかはすくし、転んだときにすりむいた膝が痛くて、最悪の気分だ。孤独感に襲われてお母さんを探しにいった一平は、迷子のカメに出会う。そのひとりぼっちのカメを抱いて歩いているうちに、一平は迷子になってしまう。知らない店、知らない人ばかりで不安が募る。けれどおばあさんの落としものを拾ってあげたことから、迷子ではないかと心配され、まわりの商店の人たちが集まってくる。そのうち警官に案内されてお母さんもやってくる。それを機に人びとは交流し始める。

その夜目をさました一平がベランダに出てみると、空には月も太陽もあり、そこは夜でも朝でもない時間。「うん、この ひとりぼっちは、きもちいい」。ひとりぼっちにも、いろいろな場合があり、慣れてしまうひとりぼっちもあるし、つらいひとりぼっちもある。また、何かすばらしいものを発見するのもひとりぼっちのときだと、本書は伝えている。見返しに、登場人物がそれぞれひとりぼっちの時間を楽しんでいる絵があるのも、想像の世界を広げてくれる。（さくま）

海のアトリエ

堀川理万子 作

偕成社｜2021年｜絵本｜日本｜32P｜小学低から

おばあちゃんが「わたし」に、子どもの頃、母の友人の絵描きさんの家で過ごした数日間の思い出を語っていく絵本。いやなことがあって学校に行けなかったとき、遊びにおいでと誘ってくれたのは、ひとり暮らしの女性の絵描きさん。海が見えるアトリエは広々と明るく、夜になれば虫の声が聞こえるくらい静か。ユニークな創作料理や夜の読書、朝の海辺の散歩、そして自由に絵を描く時間……。対等に接してくれる大人によって、自分の存在が認められていく特別な時間が、穏やかな色合いのシンプルな絵とともに、伝わってくる。（奥山）

夜のあいだに

テリー・ファン、エリック・ファン 作

原田勝 訳

ゴブリン書房｜2019年｜絵本｜アメリカ｜40P｜小学低から

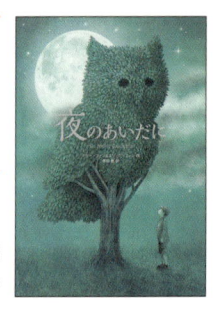

陰気なグリムロック通りにやってきた庭師のおじいさん。毎晩ひっそり仕事をし、町の木々をフクロウ、ネコ、インコなどの楽しい形に刈り上げていく。「こどものいえ」に住む少年ウィリアムは、魔法のようなその技術に心を奪われ、謎の庭師を見つけようとするが…。楽しい木が増えるたび、人びとの笑顔も増え、町の様子がみるみる変わる。インクや鉛筆などによる伝統的技法をデジタル技術で仕上げたイラストで、庭師が起こす奇跡を美しく幻想的に描く。樹木を装飾的に刈り込む「トピアリー」の魅力を堪能できる。（代田）

アグネスさんとわたし

ジュリー・フレット 文・絵　横山和江 訳

岩波書店｜2022年｜NF｜カナダ｜50P｜小学低から

住み慣れた町から丘の上に引っ越し、絵を描いてばかりいたキャセレナは、近くに住むアグネスさんというおばあさんの家を訪ねるようになる。夏は庭仕事に精を出し、秋はつぼを作るアグネスさんと一緒に過ごす時間が、少女の語りで淡々とつづられていく。冬の間に体が弱ったアグネスさんに、自分の絵を全部見せて寄り添うキャセレナ。ふたりの心の触れ合いが、コラージュを用いた素朴な絵で描かれ、静かな余韻を残す。作者は自分のルーツでもあるカナダの先住民族クリーの少女を主人公にして、クリーの言葉や文化も伝えている。（福本）

エイドリアンはぜったい
ウソをついている

マーシー・キャンベル 文

コリーナ・ルーケン 絵　服部雄一郎 訳

岩波書店｜2021年｜絵本｜アメリカ｜36P｜小学低から

いつもひとりでぼんやりすわっているエイドリアンは、「うちには馬がいるんだよ」とみんなに言いふらす。同級生の「わたし」は、子どもらしい正義感からエイドリアンのウソが許せない。でもある日、お母さんと犬の散歩をしていた「わたし」は、途中でエイドリアンに会って思い直す。もしかしたら、エイドリアンは学校にいるだれよりもすごい想像力の持ち主なのかもしれないし、「エイドリアンの心には きっと 世界じゅうのだれよりもきれいな馬がいるのかも」と。馬がいるようにも見えてくる絵が効果的に使われている。（さくま）

ゴースト

ジェイソン・レノルズ 作　ないとうふみこ 訳

小峰書店｜2019年｜読みもの｜アメリカ｜256P
｜小学高から

7年生の少年ゴーストにとって、走ることは逃げることと
同じだった。酔った父に発砲され、母と命からがら逃げた
過去があるからだ。ところがたまたま通りかかった競技場
で、練習生と走ったところをコーチに認められ陸上チーム
に入団する。貧しいスラム地区で暮らし、学校では無視さ
れ、将来に希望を描けずにいたゴーストは、仲間との交流やコーチの熱い指導を
通して徐々に世界を広げていく。深刻な問題を抱えながらも、自分の気持ちをノリ
のいい一人称で軽快に語る主人公に心動かされ、さわやかな読後感が残る。（福
本）

もうひとつのワンダー

R.J.パラシオ 作　中井はるの 訳

ほるぷ出版｜2017年｜読みもの｜アメリカ｜396P
｜小学高から

顔面に先天的障害を持つ少年オギーの学校生活を描い
た、2015年の話題作『ワンダー』の続編。多くの読者に
感動を与えたオギーのその後ではなく、前作で詳述され
なかったいじめっ子ジュリアンや幼馴染のクリスト
ファー、校長先生にオギーの案内役に抜擢されたシャー
ロットの3人を描く。彼らはオギーと出会うことで、何を感じ、どのように心を変容
させていったのか。彼らの葛藤と成長を知ることで、前作に託されたメッセージを
さらに深く知ることができるサイドストーリー。（神保）

スーパー・ノヴァ

ニコール・パンティルイーキス 作　千葉茂樹 訳

あすなろ書房｜2020年｜読みもの｜アメリカ｜320P
｜小学高から

「読めず、話せず、重い知恵おくれ」とみなされるノヴァは、姉に頼って生きてきた。でも、とつぜん姉はいなくなり、ノヴァは里親に引き取られる。1986年のチャレンジャー打ち上げまでには姉が帰ると信じているノヴァは、カウントダウンしながら、出せない手紙を姉宛てに書き、里親家庭や学校でさまざまな体験をし、次第に自分の居場所を見つけていく。自身も自閉症だった著者が描くノヴァに寄り添って読めるし、里親という理解者を得てノヴァが開花していく様子が生き生きと伝わってくる。（さくま）

ペーパーボーイ

ヴィンス・ヴォーター 作　原田勝 訳

岩波書店｜2017年｜読みもの｜アメリカ｜290P｜中学生から

吃音を持ち、世間とのつき合いが苦手な11歳のヴィクターは、ケガをさせた友だちに代わって、夏休みの1か月間、新聞配達をすると申し出る。その配達がきっかけとなり、ヴィクターは、美人だけど不幸の匂いがする主婦、本がたくさんある家に住むおじいさん、いつもテレビにかじりついている少年、通りでクズ拾いをしているR.Tなど、否応なくさまざまな人たちと出会うことになる。ヴィクターの成長物語でもあるが、間にさまざまな事件が入り込み、読者をぐんぐん引っ張っていく。翻訳もみごと。17歳になったヴィクターがミシシッピ川の河口を目ざして旅に出る続編『コピーボーイ』もおすすめ。（さくま）

小やぎのかんむり

市川朔久子 著

講談社｜2016年｜読みもの｜日本｜252P
｜中学生から

交通事故にあった父が退院してきて、家で静養するという。強権的で時に暴力もふるう父と、その父に殺意さえ抱くようになった自分自身からも逃れるように、中学3年の夏芽は、山奥の古い寺でのサマーステイに参加する。参加者はひとりだけだったが、そこに、シングルマザーが寺にあずけた5歳の雷太や、境内の草を食べさせるヤギとともに現れた高校生の葉介もくわわる。夏芽がふたたび現実に向き合う力を得るまでの夏の日々が描かれる。（宮川）

ウィズ・ユー

濱野京子 作

くもん出版｜2020年｜読みもの｜日本｜248P｜中学生から

中学3年の悠人は母と、2歳年上の兄と3人で暮らしている。父は家を出ていったきりで、母は優秀な兄のことばかり気にかける。悠人は自分が存在する意味はどこにあるのかと、やりきれない思いを抱えていた。高校受験を控えた10月の夜、悠人は気晴らしにランニングに出かけ、公園のブランコに座る朱音に気づく。朱音は中学2年だが、ひとりで病気の母と小学生の妹の面倒を見ていた。父は単身赴任中で、まわりには悩みを打ち明けられる大人も、相談できる友人もいない。毎日ひとりで家事をして、妹が寝た後に散歩をするのが、唯一ほっとできるひとときだった。悠人はその後も夜のランニングでたびたび朱音を見かけ、気になって声をかける。やがてふたり一緒に歩くのが日課となり、それぞれの思いを打ち明けるようになっていった。あるとき、悠人は福祉関係の仕事をする母からヤングケアラーについて聞き、朱音がまさにその状況にいることに気づく。大きな荷物を抱え込んでいる朱音をなんとか救いたくて相談すると、母は真剣に耳を傾け、一緒に解決策を考えてくれた。自分を必要とする人がいることに気づいた悠人は、家族との関係も見つめ直すようになる。中学生の恋愛物語に、現代社会の問題を盛り込んだ作品。悠人と朱音が未来をしっかり見つめて歩きだす姿がすがすがしい。（汐﨑）

イーブン

村上しいこ 作

小学館｜2020年｜読みもの｜日本｜208P｜中学生から

中学1年生の美桜里は、父親のDVが原因で両親が離婚し、スクールカウンセラーの母親と暮らしているが、友人との関係がうまくいかず不登校になっている。そんな折り、キッチンカーでカレーを売っている貴夫と、その助手をしている高校生だがやはり不登校の登夢に出会う。美桜里もキッチンカーを手伝ううちに、登夢の母親が、子どもをネグレクトしたあげくに犯罪の手先までやらせていたことや、今は貴夫が保護者がわりに登夢と暮らしていることなどを知る。一方両親の離婚について考え続ける美桜里は、母親とも父親とも対話を重ねるうちに、人間関係の複雑さに目を向けるようになる。いつしか恋心を抱くようになった登夢からもさまざまなことを学ぶ中で、美桜里は、親子にしろ男女にしろ夫婦にしろ、互いに尊重し合える対等な人間関係が重要だと気づき、それはどうすれば可能なのかをさぐっていく。やがて美桜里の父親は、自分も親から虐待されていたこと、言葉で表現するのが苦手で暴力や暴言に訴えてしまったことを初めて打ち明ける。弱点もさらけだして本音で語り合う関係があれば、そこから道がひらけていくことが示唆されている。自らも虐待体験を持つ著者が、子どもたちに寄り添って一緒に考えようとする作品。（さくま）

4

多様性を
理解する

P98 「みんなと同じ」じゃないとダメ？

P106 困難とともに生きる

P112 居場所をさがして

P118 ジェンダーを考える

「みんなと同じ」じゃないとダメ？

やましたくんはしゃべらない

山下賢二 **作**
中田いくみ **絵**

岩崎書店｜2018年｜絵本｜日本｜32P｜小学低から

クラスに「やましたくん」という、だれも声を聞いたことのない、変わった男の子がいる。授業中はしゃべらないのに、ふざけていて、合唱コンクールはくちパク。卒業間近な参観日、作文の発表をすることになり、やましたくんはカセットレコーダーを教室に持ち込む。幼稚園入園から小学校卒業までの9年間、人前ではひと言もしゃべらなかったという作者自身のエピソードをもとにした絵本。クラスメートの少女の視点から、やましたくんの個性と成長を描く。子どもの微妙な感情の揺れが表情に込められている。（広松）

ぼくは川のように話す

ジョーダン・スコット 文　シドニー・スミス 絵
原田勝 訳

偕成社｜2021年｜絵本｜アメリカ｜44P｜小学低から

言葉がうまく出ずに学校で笑われた吃音の少年を、父親が川へ連れていってくれる。父親は自然の中で少年の肩を抱き寄せて言う。「ほら、川の水を見てみろ。あれが、おまえの話し方だ」。見ると、川は泡立って、渦を巻いて、波をうち、砕けている。川だってまっすぐ流れず「どもっている」とわかったとき、少年は明日へ向かう気持ちになれる。スコットが自身の少年の日の体験を詩に書き、スミスは光と陰を使った変化に富む絵をつけて、少年の心の葛藤が父親のひと言をきっかけにほぐれていく様子を見事に表現している。（さくま）

みえるとか　みえないとか

ヨシタケシンスケ 作　伊藤亜紗 相談

アリス館｜2018年｜絵本｜日本｜32P｜小学低から

一作ごとに話題を呼ぶ作者が、親しみやすく新しい切り口で「障害」をテーマに取り組んだ絵本。デリケートな問題を、宇宙を舞台にユーモアたっぷりに描く。子どもの宇宙飛行士が、後ろにも目がある宇宙人と出会い、目の見えない宇宙人の感じ方などを通して、みんなのちがいと同じところ、共生するおもしろさ、難しさなどを感じていく。道徳的に教え込む姿勢ではなく、コミカルな絵で読者の心を開き、バリアフリーの基本について共に考えるきっかけとなる。（広松）

ロビンソン*

ピーター・シス 作　高柳克弘 訳

偕成社｜2020年｜絵本｜アメリカ｜48P｜小学低から

学校の仮装パーティー用に、ピーターはロビンソン・クルーソーの衣装をママに作ってもらう。大好きなお話のヒーローだから張り切って出かけたのに、友だちから笑われてしまう。ショックで寝込んだピーターは、空想の世界で無人島へ漂着。ひとりぼっちでも動物たちと楽しく暮らすうちにすっかり気分が晴れる。
作者の少年時代の思い出から生まれた物語。冒険の様子がペンと色あざやかな水彩で見開きいっぱいに描かれ、ページをめくるごとに空想の世界が大きく広がる。（福本）

プールの ひは、
おなか いたい ひ

ヘウォン・ユン 作　ふしみみさを 訳

光村教育図書｜2019年｜絵本｜アメリカ｜40P
｜小学低から

主人公は、水が怖くて泳げない少女。扉に、身
体を固くしてプールの淵に立つ後ろ姿が描かれ
る。つらい気持ちが伝わり、本文に入る前から引き込まれる。「わたし」は、水泳教
室の日の朝に必ずおなかが痛くなる。水着になるけれど、プールには入れない。あ
る日、今まで、無理しなくていいと言ってくれていた先生に抱っこされて入ると、水
中でバタ足ができた。小さな自信をきっかけに少しずつ苦手を克服し、プールが好
きになるまでの物語。柔らかい色彩の温かい絵でていねいに描かれる。（代田）

カイルのピアノ 〜紀平凱成よろこびの音

高山リョウ 著　富永泰弘 写真

岩崎書店｜2019年｜NF｜日本｜144P｜小学中から

自閉スペクトラム症の紀平凱成がピアノの演奏に目覚
め、作曲をし、18歳でソロリサイタルを開くまでを紹介し
た読みもの。2歳で自閉症と診断され、6歳からピアノを
始め、4年生で中学までの数学を終わらせ、小学5年生
から聴覚過敏に悩まされながらも、ピアニストになりたい
夢を持ち続ける。中学の頃からは視覚過敏も発症する
が、自由に弾かせてくれる久保田彰子先生、楽譜を見て演奏することの大切さを
教える川上昌裕先生に出会い、成長し続ける。「できることをどんどんみつけて、
のばす」ことの大切さが伝わってくる。（土居）

その魔球に、まだ名はない

エレン・クレイジス 著　橋本恵 訳

あすなろ書房｜2018年｜読みもの｜アメリカ｜264P
｜小学高から

10歳のケティは男子に混じって野球をする毎日。剛腕ケ
ティの投げる魔球はなかなか打ち返せない。ある時、リト
ルリーグのコーチにスカウトされてトライアウトに挑む。
コーチは「ゴードン」と呼ばれていたケティを男子だと思
い込んだのだ。ケティは見事合格するが、女子だと判明す
ると規定により対象外と通知を受ける。ケティは、女子にも野球ができることを証
明するため、図書館で資料を調べ、元女子選手を探し当てて話を聞く。夢を諦め
ない行動が胸を打つ。（神保）

ロンドン・アイの謎

シヴォーン・ダウド 著

越前敏弥 訳

東京創元社｜2022年｜NF｜イギリス｜254P｜小学高から

12歳のテッドは、ほかの人と物の見方が違うので、同級生の友だちがいない。ロンドンにあるテッドの家に、いとこのサリムとグロリアおばさんがニューヨークへ引っ越す前に泊まりに来る。サリムは、ひとりで観覧車ロンドン・アイに乗るが、テッドと姉が待っていてもサリムは降りてこず、失踪する。記憶力と論理的思考力に優れたテッドと、姉のカットは事件を解決しようとする。個性的なテッドの謎解きが見事なミステリー。続編に『グッゲンハイムの謎』(ロビン・スティーヴンス著　シヴォーン・ダウド原案　越前敏弥訳　東京創元社)がある。(土居)

レイン

〜雨を抱きしめて

アン・M・マーティン 作　西本かおる 訳

小峰書店｜2016年｜読みもの｜アメリカ｜236P
｜小学高から

12歳のローズは、父親とふたり暮らし。ローズは学校にもうまく適応できず、高機能自閉症と診断されているが、父親は、子どものことがよくわからず不器用な対応しかできない。ローズの友だちは、父親が拾ってきた犬のレインだが、巨大ハリケーンがやってきた時に行方不明になってしまう。ローズは必死でレインを探す。ようやく見つかった時のローズの勇気ある行動が、周囲を変えていく。温かく見守るおじさんの存在がいい。自分のいる場所に違和感を感じている子どもたちを励ましてくれる物語。(さくま)

たぶんみんなは知らないこと

福田隆浩 著　しんやゆう子 画
講談社 | 2022年 | 読みもの | 日本 | 192P | 小学高から

小学5年生のすずには、重度の知的障害があり、言葉を発することができない。特別支援学校に通うすずの日常を、すずの心の声を中心に、母親と担任の先生が交わす連絡帳、兄のブログ、クラスの学級通信など、視点を変えながら多角的に描いた物語。周囲の人たちに支えられ、見守られながら、ゆっくりと成長していくすず。すずの素直さ、優しさ、芯の強さにひきつけられる。しかし、きれいごとだけではなく、時にからかわれたり傷つけられたりすることもある。バスの中で老女から心無い言葉をぶつけられたのをきっかけに、すずの兄は、役に立たない人間には生きていく意味がないのだろうかと自問する。それでも「妹がこうやって、同じ世界に生きていることが自分にとっては大事なことなんだ」という結論に至る姿に、実際に特別支援学校に勤務している著者の強い思いを感じる。物語の終盤、すずは家族が留守にしている間に、雪の中をひとりで外に出かけていく。すずの高揚した気持ち、焦りや不安、そして達成感を、読者は一緒に体験し、すずの心の中に広がる豊かな世界を知ることができる。障害者は助けてもらうだけの弱い存在ではなく、その存在によって何かを与えられている人もたくさんいる。だれもが存在するだけでよいのだという希望の持てる結末に、明るい気持ちになる。（笹岡）

サイド・トラック
～走るのニガテなぼくのランニング日記

ダイアナ・ハーモン・アシャー 作

武富博子 訳
評論社 | 2018年 | 読みもの | アメリカ | 352P | 中学生から

ADD（注意欠陥障害）を抱える中学1年生のジョセフ。集中することが苦手でいじめの対象になっていたが、ある教師の勧めで陸上部のクロスカントリー走チームに入る。そこで応援してくれる女友だちと出会い、理解者でもある祖父に励まされ、ジョセフは「まずは『走り』に集中できるようになろう」と努力する。目標は、今期リーグ戦決勝で自己ベストを出すことだ。ジョセフの気持ちが詳細に描かれ、ADDの人の視点や悩みに触れることができる。青春スポーツ小説としても楽しめる。（代田）

部長会議はじまります

吉野万理子 著

朝日学生新聞社｜2019年｜読みもの｜日本｜264P
｜中学生から

中高一貫教育の私立学校の中等部を舞台にした学園物語。第1部は文化部の部長会議、第2部は運動部の部長会議で、それぞれ各部の部長が一人称で語っていく設定になっている。第1部は、美術部が文化祭のために作ったジオラマがいたずらされた事件をめぐって展開する。登場するのは怒っている美術部の部長、怪しげな部活だと思われて悩んでいるオカルト研究部部長、いろいろなことに自信のない園芸部部長、ミス・パーフェクトといわれる華道部部長、恋をしている理科部部長。犯人はだれなのか? いじめがからんでいるのか? それとも恨みか? 会議は紛糾する。第2部は、解体されることになった第2体育室を使っていた卓球部と和太鼓部にも、運動場やグラウンドの使用を認めるための会議。初めのうちはほとんどの部長が、自分の部が損にならないように立ち回ろうとするが、だんだんに解決策を見いだしていく。卓球部、バスケ部、バレー部、和太鼓部、サッカー部、野球部の各部長に、パラスポーツをやりたいという人工関節の生徒もからんで、意外な展開になっていく。それぞれ個性的な各部長の語りが複合的に絡み合って、読者には出来事が立体的に見えてくる。また各人が、他者にはうかがい知れない悩みを抱えていることもわかってくる。楽しく読めて、読んだ後は、まわりの人にちょっぴりやさしくなれそう。(さくま)

アーモンド

ソン・ウォンピョン 著

矢島暁子 訳

祥伝社｜2019年｜読みもの｜韓国｜272P
｜中学生から

先天的に脳の扁桃体(アーモンド)が小さく、怒りや恐怖を感じることができない高校生のユンジェが主人公。そんな彼を優しく見守り育ててきた母と祖母が、15歳の誕生日に目の前で通り魔に襲われ、ユンジェの生活が一変してしまう。転校生のゴニや、同級生の女の子ドラと出会うことで、彼の中に奇跡のような変化が起きていく。家出したゴニを迎えに行くユンジェには、人を信じるまっすぐな思いと強さがある。だれかに必要とされることは、生きる力になる。そんな希望を感じられる結末。大人と子どもの間で揺れる多感な世代の共感を呼ぶだろう。(神保)

わたしが鳥になる日

サンディ・スターク＝マギニス 作

千葉茂樹 訳

小学館｜2021年｜読みもの｜アメリカ｜288P
｜中学生から

11歳のデセンバーは、里親の家を転々とした後、エリナーの家に来る。デセンバーは、鳥になるのを夢見て、ヒマワリの種を食べ、肩甲骨の傷から羽がはえてくるのを待ちながら、木の上から何度も飛び降りる。そんなデセンバーに、エリナーは傷ついたアカオノスリを自然に戻す訓練を任せる。デセンバーは、学校で友だちもでき、エリナーの家で少しずつ落ち着きを見せる。デセンバーが実の母親に虐待を受けた記憶と向かい合う様子や、おそるおそるエリナーとの関係を築いていく様子が強く心に残る。
（土居）

赤毛証明

光丘真理 作

くもん出版｜2020年｜読みもの｜日本｜144P
｜中学生から

中学1年生の堀内めぐは、毎朝、校門で先生に、頭髪を「そめているなら黒髪にもどしてこい」と言われるのが嫌で、頭髪の色が生まれつきであることを証明する「赤毛証明」を発行してもらう。しかし、先生に、証明書を毎朝校門で示すようにと言われ、自分は「ふつう」ではないのかと不安になり、「ふつう」とは何かについて考えるようになる。めぐには、両下肢欠損で車いすバスケをしている1歳年上の紘（ひろ）という幼なじみがいて、彼との会話を通しても「ふつう」について考える。また、めぐは、紘と紘の親友のマモくん、めぐの親友のさわちゃんをめぐる恋愛事件で感じたことや、自分が親友に嫉妬した気持ちなどを、芥川龍之介の『羅生門』を読み解くことで理解しようとする。ひとりの少女が理不尽な校則に抗議するまでの過程が、ていねいかつ説得力のある形で描かれている。自らの外見のみでなく、紘の障害や、シングルマザーであるさわちゃんの家庭が描かれていることで、多様な「自分らしさ」が考えられる作品になっている。（土居）

蝶の羽ばたき、その先へ

森埜こみち 作

小峰書店｜2019年｜読みもの｜日本｜160P｜中学生から

結はママとふたり暮らし。中学2年生の始業式の日に突然耳鳴りがし、片耳が聞こえにくいと感じるが、ママに言い出せない。5月になって、病院へ行くが耳鳴りは治らず、そのことを親友の真紀に言うのをためらう。7月、医師に聴力の回復は困難と言われる。結が落ち込んでいると、同じクラスの涼介が心配して公園に連れていってくれる。結は涼介に、「健康な耳が聞き取れる限界の音」である「蝶の羽ばたき」を聞いたことがあるかと質問するが、難聴については語れない。9月、また落ち込んで公園へ行くと、手話で楽しそうに会話している人たちを見かけて興味を持つ。結は、手話サークルを見学し、そこで突発性難聴で両耳とも聞こえない今日子さんに出会い、手話サークルに通うようになる。その後、結は、耳の聞こえない人の病院での対応方法を書いた医療パンフレットの配布にかかわり、その打合せの際に差別的な対応に遭遇する。それをきっかけに、級友に突発性難聴であることを語ることができるようになる。治療の様子、結が感じたことなどが4月から12月まで時系列でていねいに描写され、手話サークルの人たちとの出会いを通して、結が自分の障害に向き合えるまでの過程が、読者も共感できるように描かれている。（土居）

困難とともに
生きる

111本の木

リナ・シン 文　マリアンヌ・フェラー 絵
こだまともこ 訳

光村教育図書｜2021年｜NF｜カナダ｜36P｜小学低から

インドには女の子がひとり生まれたら111本の木を植える村がある。その村も
以前は男児の誕生は祝っても、女児の誕生は家族の重荷になると考えて祝っ
ていなかった。それを変えたのはひとりの父親が始めた植樹。それによって鉱
山開発で荒れた土地が再生され、水の確保や経済的自立、女児教育の推進
へとつながった。その過程があたたかな雰囲気の絵から静かにしっかり伝
わってくる絵本。巻末にくわしい説明と現地の写真があり、実際にだれがどの
ように運営しているのか、植樹された木がどれほど愛されているかがわかる。
（坂口）

福島に生きる凛ちゃんの10年
〜家や学校や村もいっぱい変わったけれど

豊田直巳 写真・文
農山漁村文化協会｜2021年｜NF｜日本｜36P｜小学中から

飯舘村に生まれ3歳で原発事故に遭遇した凛ちゃんは、放射能に汚染されたふるさとを出て、家族と一緒に仮設住宅に避難する。そして、避難先のプレハブの幼稚園に通い、仮設の小学校に入学し、定期的に甲状腺検査を受けることになった。その後凛ちゃんは、きょうだいが増えた家族と福島市に建った家で暮らしながら、2017年に避難指示が解除された飯舘村の新しい学校にスクールバスで通って卒業を迎えた。この絵本は、凛ちゃんの成長を写真で追いながら、そうした10年間の出来事を語っていく。忘れないために。（さくま）

二平方メートルの世界で

前田海音 文　　はたこうしろう 絵
小学館｜2021年｜NF｜日本｜40P｜小学中から

「子どもノンフィクション文学賞」（北九州市主催）の大賞を受賞した、小学3年生の海音さんの作文を元にした絵本。北海道に住む「わたし」は、年に何回か入院しなければならない病気を抱えている。家族の負担、つらい検査、行動制限……。「二平方メートル」はひとりで過ごす病室の大きさだ。しかしある日、病室のベッドのオーバーテーブルの裏に、「みんながんばろうね」「再手術サイテー」などたくさんの言葉が書かれているのに気づく。病気とともに生きる、孤独だがかけがえのない日々が、率直な言葉と柔らかい絵で表現されている。（奥山）

わたしたちの権利の物語 難民と祖国

ルイーズ・スピルズベリー 文
トビー・ニューサム 絵
くまがいじゅんこ 訳　杉木志帆 日本語版監修
文研出版｜2022年｜NF｜イギリス｜32P｜小学中から

難民とはどういう人びとなのか、どんな苦難があり、何を求めているのか。古代ギリシャの時代からあった難民の歴史を振り返り、世界大戦や内戦で祖国を追われた難民たちが直面してきた困難や、それを助ける各国の人びととの闘い、現在も続く支援活動について、絵本の形でわかりやすく説明する。子どもたちが普段ニュースなどで見聞きする難民について知りたいと思ったときの基礎知識として役立つだろう。巻末には、難民の歴史年表、用語解説、参考になる本のリストも載っている。人権について考えるシリーズの1冊。（福本）

パラリンピックは
世界をかえる
〜ルートヴィヒ・グットマンの物語

ローリー・アレクサンダー 作　千葉茂樹 訳
アラン・ドラモンド 絵

福音館書店｜2021年｜NF｜アメリカ｜112P｜小学高から

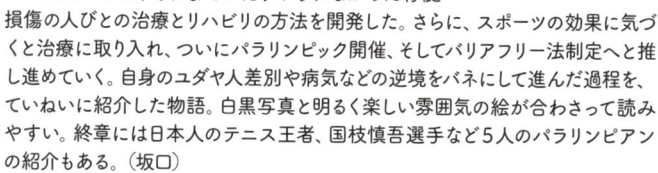

パラリンピックの父と呼ばれた神経外科医のルートヴィヒ・グットマンは、それまでかえりみられなかった脊髄損傷の人びとの治療とリハビリの方法を開発した。さらに、スポーツの効果に気づくと治療に取り入れ、ついにパラリンピック開催、そしてバリアフリー法制定へと推し進めていく。自身のユダヤ人差別や病気などの逆境をバネにして進んだ過程を、ていねいに紹介した物語。白黒写真と明るく楽しい雰囲気の絵が合わさって読みやすい。終章には日本人のテニス王者、国枝慎吾選手など5人のパラリンピアンの紹介もある。（坂口）

わたしはスペクトラム

リビー・スコット、レベッカ・ウエストコット 著
梅津かおり 訳

小学館｜2022年｜読みもの｜アメリカ｜352P｜小学高から

10歳のタリーは、こだわりが強く、感情の制御が苦手。学校の演劇会で、タリーは主役を希望するが裏方にされる。主役のキャリーは叔母から「幸運のネックレス」をもらうと演技が見事に変貌するが、タリーは偶然そのネックレスを拾い、自分の物にしてしまう。すると、キャリーが病にかかりタリーが主役をすることに。そんな時、タリーは自閉スペクトラム症と診断される。自分自身を受け入れるまでのタリーの葛藤がリアルに描かれる。それは、だれもが抱える生きづらさにも通じるものだ。著者のひとりは自閉スペクトラム症。（本田）

夏に泳ぐ緑のクジラ

村上しいこ 著

小学館｜2019年｜読みもの｜日本｜208P｜小学高から

中学3年生の夏、お京は母親に連れられて、祖母の住む小さな島にやってきた。島はそれまでは家族で休暇を過ごす場所だったが、今回は違う。両親の離婚を理由に祖母にあずけられることになったのだ。お京は大人の事情を理解できず、「自分は捨てられた」と思い込む。不安と不満を抱え込み、どう行動すればよいかわからない。祖母に言われて畑にスイカを取りに行くと、変な男の子が現れて「おいら、つちんこ」と名のった。人間の姿をしているが、頭に毛がなく、つるんとした土団子のような顔している。つちんこはスイカを「夏に泳ぐ緑のクジラ」と呼び、美味しいスイカの選び方を教えてくれた。つちんこは孤独を抱え、生きづらさを感じる子どもにしか見ることができない存在で、彼らが大人になるのを手伝い、その後は忘れられてしまうのだという。島に住む、母を亡くして引きこもる少年海輝と、お京の従姉妹で多感な少女舞波もまた、つちんこの姿を見ることができた。お京を中心に思春期を生きる3人がそれぞれ心の中に持つ問題に向き合い、乗り越えていく姿が描かれる。実はお京の母も父との生活に疲れ、心に大きな傷を負っていた。自分中心にしか考えられなかったお京も、次第にまわりの人びとの立場や感情を理解できるように変わっていく。多感な少年少女のひと夏を描いた成長物語。（汐﨑）

秘密の大作戦！
フードバンクどろぼうをつかまえろ！

オンジャリQ.ラウフ 著　千葉茂樹 訳

スギヤマカナヨ 絵

あすなろ書房｜2022年｜読みもの｜イギリス｜128P｜小学高から

ネルソンは看護師の母と妹の3人暮らしだが、一家は困窮し年じゅうお腹を空かしている。学校の朝食クラブと地域のフードバンクが頼みの綱だが、ふたりの親友には内緒。ある日、家族でフードバンクに行くと、棚の品が激減していてわずかな食べものしかもらえなかった。寄付された食料品が、フードバンクに届く前に盗まれているらしい。ネルソンはふたりの親友にすべてを打ち明け、一緒に犯人を捕まえることにする。ポップな挿し絵が物語を明るく照らす。3人の友情が心に残るが、貧困や格差社会の構造も考えさせられる。（本田）

わたしがいどんだ戦い 1939年

キンバリー・ブルベイカー・ブラッドリー 作

大作道子 訳

評論社｜2017年｜読みもの｜アメリカ｜376P｜小学高から

第二次世界大戦下のロンドン貧民地区。右足が不自由なために部屋に閉じ込められていた少女エイダは、幼児の弟が学童疎開に行くと分かると、密かに歩く練習を始めた。歩けさえすれば一緒に行ける。母親の虐待から逃げ出せる。エイダの戦いが始まった。疎開先で生まれ変わって生きようと決意したエイダが、心の傷を徐々に克服し成長する姿を、戦時下の生活や、里親をはじめとする当時を生きた人びとの思いを織り交ぜて描く、読み応えのある作品。主人公の強さにひかれる。続編の『わたしがいどんだ戦い 1940年』もおすすめ。（代田）

桜の木の見える場所

パオラ・ペレッティ 作　関口英子 訳

小学館｜2019年｜読みもの｜イタリア｜304P｜小学高から

9歳のマファルダは、目の病気のために視力が落ちて、学校にある大好きな桜の木もぼやけてしか見えなくなってくる。両親や、ルーマニア出身の用務員のおばさんのエステッラや、ひとつ年上のフィリッポも勇気づけてくれるが、不安な気持ちを抱き続ける。そんな時、ママから引っ越しをすると聞いて、大好きな『木のぼり男爵』のコジモのように、桜の木の上で生活しようとする。読書好きで個性的なマファルダの豊かな発想とユニークな人間関係、桜の木が見える距離が縮まっていくことに象徴される病気に対する不安が心に残る。（土居）

ぼくだけのぶちまけ日記

スーザン・ニールセン 作

長友恵子 訳

岩波書店｜2020年｜読みもの｜カナダ｜286P｜中学生から

13歳のヘンリーが、カウンセラーにすすめられて嫌々書いた日記の形で物語が展開する。読んでいくうちに、ヘンリーは転校したばかりで、父とふたり暮らし、母は精神病院におり、兄はいじめに関わった事件を起こして自殺したことがわかってくる。ヘンリーは新しい学校で、最初はだれにも心を開かないが、いじめられている級友やアパートの隣人たちと知り合っていく中で、自分のことを語れるようになってくる。兄の事件に対して自責の念を抱いているヘンリーが、少しずつ変化していく様子が伝わってくる。（土居）

目で見ることばで話をさせて

アン・クレア・レゾット 作

横山和江 訳

岩波書店｜2022年｜読みもの｜アメリカ｜310P
｜中学生から

舞台は19世紀の大西洋に浮かぶマーサズ・ヴィンヤード
島。11歳のメアリーは耳が聞こえないが、島にはろう者が
多く手話が通じるため、不便はなかった。しかしボストンから来た科学者は、研究
のための生きた標本としてメアリーを無理やりボストンに連れ去る。メアリーは手
話が通じない中、諦めずに逃げ出す方法を探り、協力者を得て、なんとか無事に
島へ帰る。ろう者に対する無知や差別だけでなく、先住民や自由黒人への差別に
も触れ、正しい知識と共感がそれを乗り越える道であることを示す。（神保）

カピバラがやってきた

アルフレド・ソデルギット 作
あみのまきこ 訳

岩崎書店｜2022年｜絵本｜スペイン｜40P｜小学低から

川辺のニワトリ小屋で人間に飼われるニワトリたちは、安全な暮らしに大満足。でもある日、びしょ濡れのカピバラが5匹やってきた。帰るように言うが、ハンターから逃げてきたカピバラには帰る場所がない。ニワトリはここにいるなら約束を守れと言い彼らをよそ者扱いするが、子ども同士は仲よくなり、ある事件をきっかけに2者の関係が変わり意外な結末を迎える。ウルグアイの作家がスペインで出版した絵本で、移民と異文化を受け入れる側の話とも解釈できる。モノトーンの絵の中でニワトリのトサカの赤色が印象に残る。
（代田）

明日をさがす旅
～故郷を追われた子どもたち

アラン・グラッツ 作　さくまゆみこ 訳

福音館書店｜2019年｜読みもの｜アメリカ｜416P
｜小学高から

1939年ナチスの迫害から逃れるためにキューバへと向かうユダヤ人の少年ヨーゼフの一家、1994年キューバから亡命の旅に出たイザベルの一家、2015年シリアの内戦で逃避行を始めたマフムードの一家──違う時代に、それぞれの家族が国を追われ難民となって困難な旅を続けていく様子が、同時進行で3人の子どもの視点から描かれる。やがて彼らの運命は、思わぬところで結びついていく。過酷な状況の中で希望を捨てずに懸命に居場所を求める姿に胸を打たれる。今も続く難民問題を考える契機となるだろう。（神保）

秘密のノート

ジョー・コットリル 作　杉田七重 訳

小学館｜2020年｜読みもの｜イギリス｜304P｜小学高から

11歳の少女ジェリーは、太っていることを気にしつつ、そのことをギャグのネタにして明るく陽気にふるまっている。ジェリーはものまねが得意で、学校のショーで優勝を狙っているが、時にふざけすぎてまわりが白けると不安になる。そんな気持ちをひそかに詩に書いていたが、秘密にしていた。けれど、ママの恋人でミュージシャンのレノンは、ジェリーの詩の才能に気づき、励ましてくれる。そんな中、自分には完璧すぎると、ママがレノンに別れを告げる。ジェリーが明るくふるまえばふるまうほど、読者にジェリーの孤独が伝わる。（土居）

ソロモンの白いキツネ

ジャッキー・モリス 著　千葉茂樹 訳

あすなろ書房｜2018年｜読みもの｜イギリス｜64P
｜小学高から

アメリカのシアトルに父とふたりで暮らす12歳のソルは、いつもひとりぼっち。1匹のホッキョクギツネが両親の故郷であるアラスカから、船に乗ってシアトルに迷い込んできた。ソルはそのキツネと仲よくなるが、キツネは捕まってしまう。ソルは、キツネを連れて自分たちの民族が住む「ふるさとに帰りたい」と父に強く頼む。妻の死を悲しむ父は、意を決してアラスカに向かい、ソルはそこで自分の居場所を見つける。ソルの孤独と故郷を思う気持ちが、キツネの存在を通して読者に伝わる。詩的な文章で、挿し絵も美しい。（土居）

11番目の取引

アリッサ・ホリングスワース 作　もりうちすみこ 訳

鈴木出版｜2019年｜読みもの｜アメリカ｜350P｜小学高から

アフガニスタンから祖父とふたりでアメリカに引っ越してきた12歳のサミは、祖父がストリートで演奏していた楽器ルバーブを盗まれてしまう。サッカーがきっかけで友だちになったダンが、ギター専門店で700ドルで売られているのを見つける。そこで、サミは、手元の品などを元に、11回の取引をしてお金を手に入れ、楽器を取り戻そうとする。取引の過程で、サミが爆破で家族を失ったこと、移民としての苦しさなどがわかる。同時に、他人を信じることができなかったサミが、ダンや町の人たちと知り合っていき、居場所を見つけていく様子が興味深い。（土居）

ガリバーのむすこ

マイケル・モーパーゴ 作　杉田七重 訳

早川世詩男 絵

小学館｜2022年｜読みもの｜イギリス｜240P｜小学高から

戦場となったアフガニスタンを出て難民になった少年オマールは、嵐の海でボートから投げ出され、意識を失う。気がついたときには砂浜に寝ていて、小人たちに囲まれていた。そこは、かつてガリバーが訪れたリリパット国だったのだ。オマールは「ガリバーのむすこ」と呼ばれ、小人たちと友だちになってお互いの言葉や文化を学び合い、愚かな戦争をやめさせるが、一方では母親が恋しくてたまらない。たくみな語り口に引っ張られて一気に読める冒険物語。異文化理解や戦争について考えるきっかけも与えてくれる。（さくま）

シリアからきたバレリーナ

キャサリン・ブルートン 作

尾﨑愛子 訳　平澤朋子 絵

偕成社｜2022年｜読みもの｜イギリス｜304P｜小学高から

11歳のアーヤはシリアの内戦を逃れ、母と赤ちゃんの弟とともにイギリスに来たが、途中で父と離れ離れになってしまう。気力を失った母を支え、難民認定を求めて支援センターに通うが、ある日同じ建物にバレエ教室を見つけ、のぞきに行く。シリアでバレエを習っていたアーヤは、バレエ教師に才能を認められ、友だちもできるが、難民認定は一向に進まない。平穏だったかつての暮らしや逃避行の回想が挿入され、今の境遇に苦しむ少女の気持ちが伝わってくる。大好きなバレエで未来を切りひらこうとする少女と、支える人びとを描く。（代田）

ボクサー
〜イランの絵本

ハサン・ムーサヴィー 作

愛甲恵子 訳

トップスタジオHR｜2021年｜絵本｜イラン
｜40P｜小学高から

父の形見のグローブをはめて、ボクサーはいつも何か
を打ち続けてきた。ボクサーとして名声を得て、とにか
くがむしゃらに打つことだけに集中してきた。やがてその拳は岩を砕き、建物や、
船、飛行機などあらゆるものを破壊しつくし、気がつくと孤独になっていた。そこで
初めて彼は動きを止め、父がなんのためにボクシングを教えてくれたのか、父がな
んのために拳を動かしていたのか考えてみた。それからは、その力を人びとのため
に使うように変わった。鮮やかで力強い絵が、ボクサーの心の動きを見事に表現し
ている。（神保）

#マイネーム

黒川裕子 作　須藤はる奈 装画

さ・え・ら書房｜2021年｜読みもの｜日本｜232P
｜中学生から

中学1年生の戸松明音は、小学校卒業と同時に両親が
離婚し、母の姓に変わったことに違和感を抱き、精神的
に不安定な母の面倒を見ながら暮らしている。ある日、
〈#マイネーム〉という地域限定で中学生のみ対象の
SNSのトークルームを見つけ、参加。学校ではいじめをな
くすために、あだ名やニックネームをやめてみんなを「名字のさんづけで呼ぶ」とい
う決まりの「SUNさん運動」が始まるが、〈#マイネーム〉では、それに反抗する運
動を展開する。トークルームには、盟主ビオと名乗る人物を中心に、ニンジャ99、
韓国とかかわりがありそうなChaeyoung、イミなし子と名乗る人などがいるが、読
んでいくうちにそれが明音のクラスメートであることがわかり、明音はそれまで知ら
なかった彼らの一面を知っていく。また、明音の住む地域に夫婦別姓の店主によ
るブックカフェが新しくできて、そこが中学生の文化的な居場所になる。そこでは自
分が呼んでもらいたい名前の名札を作るが、学校はそれがSUNさん運動への反抗
の原因だと考え、地域でバッシングにあう。名前、アイデンティティ、家族関係、
SNSをめぐる友情関係、学校の理不尽な強制と反抗など、ストーリーの中に今の日
本の中学生が直面しているさまざまな問題が描かれている。（土居）

オール・アメリカン・ボーイズ

ジェイソン・レノルズ、
ブレンダン・カイリー 著

中野怜奈 訳

偕成社｜2020年｜読みもの｜アメリカ｜362P
｜中学生から

黒人少年ラシャドが、万引き犯として白人警官に暴行を受
け誤認逮捕された。物語は事件が起きた金曜日からの1週間を、ラシャドと、現場を目撃した白人同級生クインが、それぞれの立場から交互に語る形で進む。暴行現場の動画がネットで拡散し、ふたりが通う高校では抗議デモへと発展する。アメリカに根強く残る人種差別と、複雑に絡み合う感情や「アメリカ人らしさ」とは何かを、読む者に深く問いかける。黒人少年が無防備なまま警官に射殺される事件が続いたことに胸を痛めた、黒人と白人の作家ふたりの合作であることも注目される。（神保）

オマルとハッサン
～4歳で難民になったぼくと弟の15年

ヴィクトリア・ジェミスン 作

オマル・モハメド 原案　イマン・ゲディ 彩色

中山弘子 訳　滝澤三郎 監修

合同出版｜2021年｜NF｜アメリカ｜264P｜中学生から

ソマリア紛争で母親とはぐれたオマルが、弟とともにケニアの難民キャンプで暮らした15年間を、アメリカの作家がまとめたグラフィックノベル。飢えと貧困に苦しみながら勉強を続け、国連の援助を待ち続けてついにアメリカに再定住権を得るまでを描く。耐えることしかできない難民キャンプの人びとの様子が、コマ割りの絵とセリフでリアルに伝わる。壮絶な実話が胸に迫る中で、障害のある弟を気にかける優しさや、けんかをしながらも励まし合う友だちの存在には心がなごむ。巻末に渡米後のオマルたちの写真と解説がある。（福本）

ジュリアンはマーメイド

ジェシカ・ラブ 作
横山和江 訳

サウザンブックス社｜2020年｜絵本｜アメリカ｜36P｜幼児から

ジュリアンは祖母と出かけた帰り道で、人魚に扮装したお姉さんたちに出会う。ジュリアンは人魚になって自由に泳ぎ回ることを空想し、祖母に「ぼくもマーメイドなんだ」と打ち明ける。帰宅するとレースカーテンを体に巻きつけ、化粧をして人魚になりきる。その姿を見た祖母はとがめることなく、ジュリアンをマーメイドパレードに連れ出す。男の子はこうあるべきというジェンダーの枠にはめない祖母のおおらかさは、これからの社会に求められる価値観。空想の中で人魚が躍動するシーンはとても美しい。（神保）

ふたりママの家で

パトリシア・ポラッコ 作　中川亜紀子 訳

サウザンブックス社｜2018年｜絵本｜アメリカ｜48P
｜小学中から

「わたし」の家は、ふつうとはちょっと違う。医者
のミーマと救急救命士のマーミーというふたりの
母親に、それぞれ肌の色が違う子どもが3人。だ
れも血はつながっていないけれど楽しい家族だ。
近所の人に家族の悪口を言われて子どもが脅える
と、母親たちは「あの人は（中略）わからないもの
が怖いの」と話す。養女として迎えられ愛情たっぷ
りに育ててもらった「わたし」が、ふたりの母親と弟、妹と過ごしたすばらしい日々
を語る。多様な家族の形を知るきっかけとなる絵本。（さくま）

ぼくがスカートをはく日

エイミ・ポロンスキー 著　西田佳子 訳

Gakken｜2018年｜読みもの｜アメリカ｜290P｜小学高から

男子として生活している小学6年生のグレイソンは、いつ
もスカートをはくのを夢見ており、両親が交通事故で死
んだため、おじさんとおばさん、いとこと住んでいる。学
校で大好きなフィン先生が演劇のオーディションをする
と聞いて、グレイソンは思い切ってペルセポネという女
性の役に応募する。しかし、そのことがグレイソンへのい
じめにつながると同時に、フィン先生への攻撃にもなってしまう。体は男子でも心
は女子のグレイソンの苦しみと、演劇を通して自分らしく生きる喜びを知る過程が
ていねいに描かれている。（土居）

ジョージと秘密のメリッサ

アレックス・ジーノ 作　島村浩子 訳

偕成社｜2016年｜読みもの｜米国｜224P｜小学高から

小学校4年生のジョージは、見た目は男の子だが心は女
の子。鏡の中の自分にメリッサという名をつけて話しか
け、女子用の雑誌を読んでいる。思い切って母親に打ち
明けても理解してもらえないが、親友の女の子や高校生
の兄はそれぞれのやり方で受け入れてくれ、ジョージは少
しずつ解放されていく。ついに学校劇で『シャーロットの
おくりもの』のシャーロットを演じ、本当の自分を見せることに成功する。トランス
ジェンダーの主人公の悩みと喜びを、ていねいに描いた意欲作。（福本）

ぼくのまつり縫い
〜手芸男子は好きっていえない

神戸遥真 作　井田千秋 絵
偕成社｜2019年｜読みもの｜日本｜168P｜小学高から

中学入学時に違う学区から引っ越してきた針宮優人に、クラスの知り合いはひとりもいない。そんな優人に最初に声をかけてきた少年に誘われ、サッカー部に入部するのだが、練習でけがをして、しばらくお休み中。放課後の教室で、制服のズボンの裾がほつれてしまったのを縫い合わせていると、同じクラスの糸井莉香に「助けてください」と声をかけられ、被服部の部長と糸井が、演劇部に頼まれた衣装作りの追い込み中で、衣装のまつり縫いを手伝わされる。小さい時から手芸が好きで、裁縫が得意だからまつり縫いもすぐ終わり、不器用な糸井のボタン付けを手伝い、仕上げの見事さを部長からほめられる。それがきっかけで、被服室に通うことが多くなり、入部を進められるが踏み切れない。優人は、幼稚園児の頃「男なのにピンクかよ」とからかわれたことがトラウマになって、手芸が好きなのも隠しているのだ。端切れを買いに行くクラフトショップの、性別不詳でゴスロリのモモさんのひと押しなどもあり、好きなものは好きだと決断し、女子3人だけの被服部に入部するまでの優人の葛藤を通し、性差に対する固定観念をさわやかに解きほぐす痛快な部活小説。シリーズ2巻目の「手芸男子とカワイイ後輩」もおすすめ。（野上）

ポーチとノート

こまつあやこ 著　miii 装画
講談社｜2021年｜読みもの｜日本｜208P｜中学生から

高校2年生の未来は、机の引き出しにふたつのものを隠している。ひとつは、祖母のアサエさんが、10歳の誕生日パーティーの時にプレゼントしてくれた、生理用ナプキン入りのポーチ。そして、もうひとつは、中学に入ったころから、日々の不安やイライラを詩のように書きつけてきた水色のノート。そんな未来が、夏休みに学校図書館に司書補のアルバイトにやってきた大学生の保坂さんに恋をする。ほほえんでいるようなやさしい口元の形がイルカに似ている保坂さんと、エスペラント語で交流するようになり、ひかれていけばいくほど、未来は、まだ一度も生理が来ていないという、身体の悩みを深めていく。しかし、彼氏ができた親友の芽衣のさまざまな体験や、17歳でシングルマザーになった祖母のアサエさんの自由な生き方に触れるうちに、未来はふたりに自分の恋や悩みを打ち明け、体のコンプレックスに向き合っていくようになる。親や教師とはなかなか共有できない恋愛や性の悩みを、適切な情報と、ユニークな登場人物たちとのかかわりを通して、温かく描く。お互いを、そして自分を大切にしつつ、ゆっくり進んでいけばいいと思わせてくれる。（奥山）

兄の名はジェシカ

ジョン・ボイン 著　原田勝 訳

あすなろ書房｜2020年｜読みもの｜イギリス｜272P
｜中学生から

13歳のサムは難読症だ。それをサポートしてくれる4歳年上のジェイソンは、サッカー部のキャプテンで学校の人気者、そしてサムが作文で「最も尊敬する人」と書くほど自慢の兄だ。ところが兄は自分の性自認に悩み、トランスジェンダーであることを家族に打ち明ける。すると政治家の母やその秘書を務める父は戸惑い、家族にあつれきが生まれる。両親は治療が必要と考えるが、ローズおばさんはありのままを受容し兄の居場所になる。サムがさまざまな葛藤を経て、兄がジェシカとして生きていくことを理解し、家族が再生していく過程を描く。（神保）

みんなの研究

女子サッカー選手です。そして、彼女がいます

下山田志帆 著　米村知倫 イラスト

偕成社｜2022年｜NF｜日本｜176P｜中学生から

小学3年生からサッカーを始め、ドイツや日本のプロ女子サッカーリーグで活躍した下山田選手は、自分を男とも女とも決めがたく、女の子が好き、そして何よりサッカーが好き。自然にわき出るそうした感情は世間の「ふつう」とぶつかり、悩むことも多かったが、一緒に差別や偏見を否定してくれるチームメイトや先生もいた。そうした体験を交えながら、性自認、性志向、性表現の多様なありかたを認め、だれもがお互いに、自分の心と体を大切にできるにはどうすればよいかを考える。「みんなの研究」シリーズの1冊。（奥山）

恋の相手は女の子

室井舞花 著

岩波書店｜2016年｜NF｜日本｜206P｜中学生から

1987年に生まれた著者は、13歳の時女の子に恋愛感情を抱き、同性にひかれることに罪悪感を抱き続けてきた。18歳でピースボート世界1周の旅に参加し、セクシュアルマイノリティに関する講演会に参加したことをきっかけに、同性愛者であることを受け入れる。そして、ピースボートのスタッフ同志で家族へのカミングアウトを経て結婚式を挙げる。結婚後の活動や、知り合いのセクシュアルマイノリティの人たちの生き方についても書かれている。（土居）

5

文化と生活に親しむ

P124 多様な文化へのとびら

P130 季節の行事・風物・暮らし

P138 おいしいものが食べたい！

P144 本と図書館をめぐって

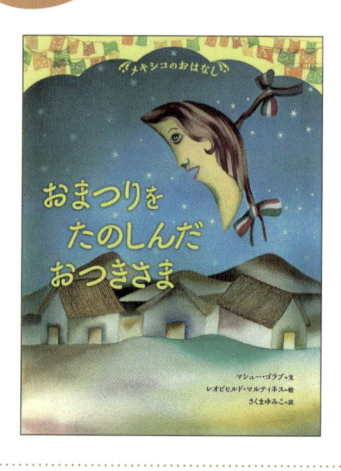

メキシコのおはなし
おまつりをたのしんだおつきさま

マシュー・ゴラブ 文

レオビヒルド・マルティネス 絵　さくまゆみこ 訳

のら書店｜2019年｜絵本｜アメリカ｜36P｜幼児から

メキシコ南部のオアハカ州に暮らす先住民族の人びとは、朝の空に太陽と月の両方が見えると、夕べはお月さまがお祭りをしてたんだね、と言う。メキシコの昔話に関心を持つ作家が、この言い伝えを楽しい物語にまとめた。毎日にぎやかにお祭りをするお日さまの世界がうらやましくなったお月さまが、ごちそうや音楽を用意して人間たちと夜通し浮かれさわぐ様子を、オアハカ州出身の画家が伸びやかな筆づかいで描く。モヒカンガという巨大な人形や、棒の先につけた色とりどりの紙のランタンなど、この土地独特のお祭りの様子が楽しめる。（福本）

わたしも水着をきてみたい

オーサ・ストルク 作　ヒッテ・スペー 絵

きただいえりこ 訳

さ・え・ら書房 | 2017年 | 絵本 | スウェーデン | 40P
| 小学低から

主人公は、イスラム教の国ソマリアからスウェーデン
に引っ越してきた少女ファドマ。イスラム教では女性
が人前で肌や髪を見せるのを禁じているが、今通って
いる学校には男女一緒に泳ぐプール授業があり心底
驚く。私も水着で泳ぎたい。でも両親が許しっこな
い。揺れる思いを抱えながら毎回見学しているしかない。でもある日、素敵なこと
が……。主人公への温かいまなざしと異文化を尊重できる社会を！ という願いが
伝わってくる。主人公の日常が表情豊かなカラーイラストで描かれ、日本の子ども
も身近なお話として読める。（代田）

ランカ

〜にほんにやってきたおんなのこ

野呂きくえ 作　松成真理子 絵

偕成社 | 2020年 | 絵本 | 日本 | 32P
| 小学低から

ランカは、自然豊かな国から日本へやってきた
10歳の女の子。言葉もわからないまま転入し
た学校では、上履きや体操服のルールにも戸
惑い、「ちきゅうに ひとりぼっちの きぶん」に。ある日、故郷を思い出して校庭の木
に登ろうとしたら、クラスメイトに危険だからと止められる。それを意地悪されたと
勘違いしたランカは、ついに泣きだしてしまう。現在全国の学校に、海外にルーツ
を持つ子どもは4万人以上いる。日本語教師でもある作者が、異国からの転入生
や、迎え入れる側の子どもたちに、言葉を超えた人のつながりの大切さを伝える。
（広松）

故郷の味は海をこえて
～「難民」として日本に生きる

安田菜津紀 著・写真

ポプラ社 | 2019年 | NF | 日本 | 232P | 小学中から

著者が、日本在住の難民、または難民申請中の7人に、故郷
の料理を作ってもらいながら、来日の理由と来日後の生活に
ついて聞き書きした読みもの。シリア出身のクルド人である
ジュディさんは、コーヒーをふるまいながら、2012年に来日し、2年半後に家族を
呼び寄せ、カフェを経営している様子を語る。同様に、ミャンマー、ロヒンギャ、ネ
パール、カメルーンなどの人たちも、拷問を受けた経験や、家族のこと、日本での
差別などについて語る。世界の状況を知ると同時に、日本の難民受け入れについ
ても考えさせられる。（土居）

いのる

長倉洋海 著

アリス館 | 2016年 | NF | 日本 | 40P | 小学中から

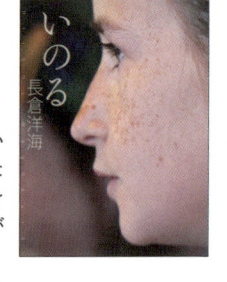

世界各国の祈りの情景を伝える写真絵本。子どもが争い
にまきこまれないように、平和がつづくように、亡くなった
人がいいところへ行けるように、と祈る人がいる。不安を
乗り越えて、心に平安を保つために祈る人もいる。自分が
気づかなかったところを祈りによって問い返す人もいる。
道をさぐるために祈る人もいる。歌や踊りによって祈る人
もいる。様々な文化圏の美しい祈りの情景を紹介しながら、そうした祈りがつながる
と、世界はゆっくりと変わっていくのではないかと著者は語っている。（さくま）

ジュリアが糸をつむいだ日

リンダ・スー・パーク 作　　ないとうふみこ 訳
いちかわなつこ 絵

徳間書店 | 2018年 | 読みもの | アメリカ | 256P | 小学高から

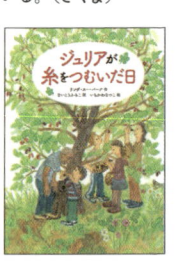

7年生のジュリアが友人パトリックと一緒に自由研究のテー
マに選んだのは、カイコの飼育。カイコをインターネットで取
り寄せ、餌になる桑の葉を探すが、それを提供してくれるこ
とになったディクソンさんはアフリカ系アメリカ人だった。ジュリアは自分のルーツ
である韓国の文化に目を向けながら、人種に対する偏見や家族の関係、循環型農
業などについて悩み、学んでいく。思春期の葛藤とそこから成長していく姿を、美
しい糸をつむぐかのように描く。（神保）

となりのアブダラくん

黒川裕子 作　宮尾和孝 絵

講談社｜2019年｜読みもの｜日本｜208P｜小学高から

小学6年生のハルのクラスに、パキスタンからアブドゥという少年が転校してくる。アブドゥは、自己紹介の時「アブラ・カタブラ」と言ったため、「アブダラくん」と呼ばれるようになる。ハルは担任の先生に「めんどう見てやれ」と言われ、アブダラくんを毎日、家まで誘いに行き、学校でもサポートする。そうしながらも、ハルはアブダラくんがひと言もお礼を言わないのを不満に感じていた。日本語支援員の田屋先生を通してアブダラくんにそのことを伝えると、「お礼なんて、友だちじゃないみたいだ」と言われ、ハルは考え方の違いにショックを受ける。田屋先生にはニットクリエイターという顔があり、ひそかに編みものが好きなハルは、先生にあこがれを感じている。

遠足の行き先が急に変更され、お寺に行くことになったとき、イスラム教徒のアブダラくんは、拒絶して帰ってしまう。ハルは幼なじみの小吉がアブダラくんがお寺に行かないのはワガママだと言ったことから、アブダラくんを追いかけなかった。それ以来、ハルとアブダラくんの間はぎくしゃくする。

異文化を受け入れる難しさがハルの視点を通していねいに描かれ、自分らしく生きるのはだれにとっても重要であるというメッセージが、作品全体を通して伝わってくる。（土居）

コーヒー豆を追いかけて
〜地球が抱える問題が熱帯林で見えてくる

原田一宏 著　ながおかえつこ 絵

くもん出版｜2018年｜NF｜日本｜112P｜小学高から

コーヒー豆は、熱帯や亜熱帯で広く栽培され、世界じゅうに輸出され、コーヒーとして飲まれる以外にもさまざまな食品に活用されている。本書は、コーヒー豆を栽培する熱帯林に何度も足を運び、森のようす、現地の人々の暮らしを研究してきた著者が、自身の調査・研究から分かったことを適官な写真・図版を添えて伝える1冊。前半でコーヒー豆の歴史・種類・栽培・飲み方などを、後半で森林を破壊して作る農園のこと、環境や貧困の問題を解説する。（代田）

ようこそ、難民！
～100万人の難民が やってきたドイツで起こったこと

今泉みね子 著

合同出版｜2018年｜NF｜日本｜176P｜小学高から

本書は厳密には事実に基づく創作だが、事実の部分が多いのでノンフィクションに入れた。ドイツに永住した著者が、難民とはどのような人たちで、なぜ自分の国を逃げ出さなくてはならなくなったのか、ドイツはなぜ難民を多く受け入れたのか、感情や理想だけでは進まないという事実、文化の違いから来る誤解、イスラム教徒もそれぞれに違うこと、難民がドイツになじむために行われている教育などについてもわかってくる。多様な視点が登場するのがいい。（さくま）

アリババの猫がきいている

新藤悦子 作　　**佐竹美保** 絵

ポプラ社｜2020年｜読みもの｜日本｜224P｜小学高から

子どもの頃に両親とともにイランから国外に亡命し、今は東京でひとり暮らしの言語学者アリババ。彼が飼っているペルシャ猫のシャイフは、人やモノの言葉がわかる。アリババが国際学会に出張するため、シャイフは世界の民芸品を扱う「ひらけごま」というお店にあずけられる。「ひらけごま」での初めての夜、店主が寝た後に世界各地から来た民芸品が、われ先にと次々に自己紹介してくる。アフガニスタンのヘラートから来た「青いグラスくん」。同じアフガニスタンの、馬や羊やラクダがたくさんいるトルクメン平原で婚礼のラクダを飾る「ひも姉さん」。壁にかかった円形のモノは、イランのシーラーズから来た「タイルばあや」。うるさくてにぎやかなのは、ペルーのジャングルから来た、動物や魚の人形「アマゾンのやんちゃたち」。朝になるまでモノたちのおしゃべり会。タイルばあやをのぞいて、他のモノたちにとって猫と話すのは初めてなのだ。次の夜、タオルケットにうずくまって眠りに落ちたシャイフは、青いグラスくんに起こされ、モノたちが順番に話す身の上話を聞くことになる。最初は、タイルばあやの、100年以上も前にミツバチの巣箱の蓋として生まれたという話。シャイフは毎晩モノたちの数奇な物語を聞き、読者もその不思議な話を通して、モノたちの祖国や世界に目が開かされるのだ。（野上）

スクランブル交差点

佐藤まどか 作

小学館｜2023年｜読み物｜日本｜272P｜中学生から

2学期の最初の日、高校1年生の柳田強のクラスに、イタリアから交換留学生が入ってくる。名前は、マルコ・デ・ルーカだが、マルコと呼んでくれという。ホームステイ先が強の家に近いということから、強が世話係にさせられる。マルコは北斎が好きで日本文化やことわざや文学にも詳しい。英語も抜群で水泳はうまいし、丸眼鏡を取ったら意外にイケメンだったことから、女の子たちから人気になる。そんなマルコにクラスの厄介者の3人組が、あれこれと意地悪をし、当たらずさわらず適当にやり過ごしてきた強も黙っていられなくなる。強とマルコに小学校時代から同じクラスの波多野由衣や彼女の友だちの野上愛も加わり、マルコと愛がつき合ったりするなど、3学期が終わりマルコが帰国するまでの7か月が波乱万丈に展開する。そして2年後、世界的なパンデミックの中で高校3年が始まる。マルコと遠距離恋愛中の愛は、イタリアの大学への進学を目指し猛勉強。由衣は推薦枠で志望のデザインスクールに決まり、強は大学の推薦選抜に落ちる。マルコと愛の誤解による破綻の危機なども絡め、さまざまな方向から人びとが行き交うスクランブル交差点のように、イタリア人留学生を核に、強の目を通して描かれた青春群像が痛快。（野上）

セカイを科学せよ!

安田夏菜 著　内田早苗 画

講談社｜2021年｜読みもの｜日本｜240P｜中学生から

創立50年の伝統を持つ堤中学の科学部には、楽な部活動をしたい生徒が集まっている。部員の藤堂ミハイルの父は日本人、母はロシア人で、見た目は白人系の外国人。特別視されるのが苦痛なのに、2生年になり「部長代理」に抜てきされてしまう。ある日、ミハイルのクラスに父がアフリカ系、カーリーヘアーで大柄な山口アビゲイル葉奈が転校してきた。「かっこいい黒人」を期待する皆の前で葉奈は堂々と、自分は日本生まれの日本人で、日本語しかできず、運動神経はゼロ、と宣言する。さらに好きなものは昆虫限定でない「蟲」、という言葉に皆は一気にひく。その葉奈が科学部に入部して、過去にあった生物班を復活させ、「蟲」の飼育を始める。部は大混乱になるが、葉奈の「蟲」へのひたむきな愛と、めげない姿は周りを巻き込んでいく。「蟲」の生態を豆知識的に盛り込み、科学部に活気が満ちていく様子をユーモアたっぷりに描く。個性的で癖がある科学部の部員たちが外観や中身の違いをこえてお互いを認め、一致団結してミジンコの観察と研究をする光景には目を見張る。ミハイルがき然としてロシア語を叫ぶラストシーンも心に残る。（汐﨑）

えんどうまめばあさんと
そらまめじいさんの いそがしい毎日

松岡享子 原案・文
降矢なな 文・絵

福音館書店 | 2022年 | 絵本 | 日本 | 32P | 幼児から

えんどうまめのおばあさんと、そらまめのおじいさんは働きものの夫婦。ただひとつの欠点は、何か気になりだしたら、すぐに取りかからないと気がすまないこと。ある日の昼食のとき、豆に支柱を立てようと畑に行くが、そのまま草刈りを始めて支柱のことは忘れてしまう。刈った草を食べさせようとウサギ小屋に行くと、金網が壊れているのを見つけ今度は修理のことで頭がいっぱいに。生き生きした文体と温かみのある絵で語られるユーモラスな物語の根底には、原案者と画家の日常の暮らしを慈しむ気持ちが感じられる。(笹岡)

やまのかいしゃ

スズキコージ 作　かたやまけん 絵

福音館書店｜2018年｜絵本｜日本｜40P｜幼児から

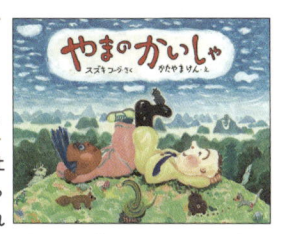

早起きが苦手なほげたさん。今日も昼過ぎに会社
へお出かけ。歯を磨きながら駅へ行き、飛び乗っ
た電車はなぜか山奥へ。かばんもメガネも忘れ
ているし、今日は「やまのかいしゃ」にいこうと思い立つ。同僚のほいさくんと出会
い、山の頂上から社長に電話をかけ、会社のみんなを呼び寄せて、自由でおかし
な会員生活が始まる。バブル期につくられた絵本の復刊。日本の絵本界を牽引
してきたふたりの絵本作家の珍しい共作。子どもも大人もゆかいな解放感を味わ
える。（広松）

なつやすみ

麻生知子 作

福音館書店｜2023年｜絵本｜日本｜36P｜幼児から

夏休み、こうたくんの家にいとこの一家がやってき
た。ケーキを食べたら、近くのプールへ。帰ってきた
らそうめん、天ぷら、のり巻きで昼ごはん。昼寝から
起きたらスイカを食べ、浴衣に着替えてお祭りへ。
楽しかった1日の終わり、子どもたちは満ち足りた表
情で眠りにつく。夏の楽しさがぎゅっと詰まっていて、読後、幸せな余韻が残る。異
なる角度からの視点がひとつの画面に共存する構図や、キャンバスの質感を生か
した彩色もユニーク。観音開きのページいっぱいに人や屋台が描き込まれたお祭
りのシーンは圧巻。（笹岡）

十二支のお雑煮

川端誠 作

BL出版｜2020年｜絵本｜日本｜31P｜小学低から

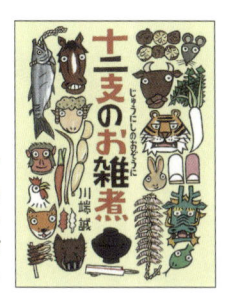

元日の朝、晴着を着た十二支の動物たちが男女のペア
で勢ぞろいし、「おめでとうございます」と読者に向
かって挨拶。それからネズミたちはお節料理を並べ、ウ
シの夫婦は初詣に出かけ、トラはお酒を飲んで酔っぱ
らう。サルたちが餅を焼いてお雑煮の準備をするあい
だ、羽根つき、たこあげ、すごろく、書き初めなどをする
動物もいる。やがてお雑煮ができあがり、みんなそろっていただく。ユーモラスな動
物たちの様子や本文の文字が版画で力強く描かれている。日本の伝統的なお正月
の過ごし方やお雑煮の種類がわかる知識の絵本でもある。（福本）

クリスマスのあかり
〜チェコのイブのできごと

レンカ・ロジノフスカー 作　出久根育 絵
木村有子 訳

福音館書店｜2018年｜読みもの｜チェコ｜64P｜小学低から

クリスマスイブに、小学1年生の男の子フランタは手提げランプを持って、ひとりで教会に明かりをもらいに行く。そして帰る途中、近所の貧しいおじいさんが妻の墓に供えようと買った花束が盗まれたことを知り、なんとかしようと考える。トラブルもあるが、やさしい人びとにも出会い、フランタは、しょんぼりしていたおじいさんに花束をわたすことができた。幼い子どもの細やかな心の動きを伝える文章に、チェコ在住の画家のあたたかい絵がついた絵物語。（さくま）

ヤナギ通りのおばけやしき

ルイス・スロボドキン 作　小宮由 訳

瑞雲社｜2019年｜読みもの｜アメリカ｜56P｜小学低から

ハロウィンの夜の楽しい物語。リリーとビリーは、小鬼に変装してお菓子をもらいに、ヤナギ通りの家をまわることにする。ところが誰も住んでいないはずの「おばけやしき」に明かりがついているではないか。ふたりがチャイムを鳴らすと、中から出てきたおじいさんが、子どもたちを招き入れ、手品を見せてくれる。そのうち他の家の子どもたちもやってきて、家の中はいっぱいに。やがて、子どもを探しにやってきた親たちも加わり、パーティが始まる。ふんだんに入っている絵が楽しい。（さくま）

クリスマスの女の子

ルーマ・ゴッデン 作　たかおゆうこ 絵
久慈美貴 訳

徳間書店｜2018年｜読みもの｜イギリス｜128P｜小学低から

クリスマスイブ。クリスマス人形のホリーは、おもちゃ屋で自分の持ち主になる子どもが現れるのを一心に待つ。一方、孤児院暮らしの6歳のアイリーンは、休暇中の居場所と決まった乳児院に行くのをやめ、子どもを欲しがっている家とクリスマス人形を、自分で見つけようと行動する。ふたりの願いと、ある夫婦の願い、おもちゃ屋で働く人の願いが絡み合い奇跡が起こる。人形と女の子の心情が細やかに描かれ、読者の共感を呼ぶ。挿し絵もあたたかい。1989年に出たものが、版元と挿し絵をかえて出版された。（代田）

ねこまたごよみ

石黒亜矢子 作・絵

ポプラ社｜2021年｜絵本｜日本｜40P｜小学低から

ネコの妖怪「ねこまた」の家族を中心に、2月22日のネコの日がある「如月」から始まって、「弥生」「卯月」……と1年間の季節の行事と、それを楽しんでいるネコたちの行動やしぐさが見開きにびっしり描き込まれ、ユーモラスで読み応えがある。「せつぶん」「おぼん」といった人間と同じ行事があるかと思えば、「ひにゃまつり」「クリスニャス」など少しだけ違っている行事、「月猫又の儀」「でんきくらげまつり」など妖怪の世界ならではのユニークな行事もある。新婚のねこまた一家に五つ子が生まれ、育っていく様子も楽しい。（奥山）

これが鳥獣戯画でござる

〜ニッポンのわらいの原点

結城昌子 構成・文

小学館｜2021年｜NF｜日本｜40P｜小学低から

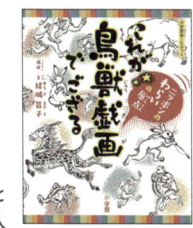

12〜13世紀に描かれたといわれ、日本のマンガのルーツともいわれる国宝の絵巻「鳥獣人物戯画」。その第1巻、擬人化した動物たちが活躍する「甲巻」をもとにした絵本。冒頭にウサギとカエルが相撲を取っているコミカルな場面を取り出し、そこに至るまでの絵巻の流れを追っていく。もともとは文章がなかったユーモラスな場面をドラマチックな物語にし、図解しながら解説する。巻末には「甲巻」の全場面も紹介され、後に描き足された「乙巻」や「丙巻」の内容も紹介され、笑いながら絵巻の楽しさが満喫できる。（野上）

なまはげ

〜秋田・男鹿のくらしを守る神の行事

小賀野実 写真・文

ポプラ社｜2019年｜NF｜日本｜48P｜小学中から

ユネスコの無形文化遺産に登録された、秋田の男鹿半島に伝承される、正月を迎えるための伝統行事「なまはげ」を、35年間に渡って撮影してまとめた写真絵本。大晦日の夜、鬼のようなお面をかぶり、わらで作った衣装をまとった一団が勢ぞろいし、松明をかざして雪の山道を降りてくる異様な光景から始まる。村の家々を回り、大きな包丁を掲げて「泣く子はいねがー！」と子どもたちを抱きかかえておどす。迫力のある豊富な写真で行事の全容を追い、それにまつわる伝説や歴史をはじめ、紹介される奇態な仮面の数々もユーモラスで楽しい。（野上）

こども文様じてん

下中菜穂 著

平凡社 ｜ 2020年 ｜ NF ｜ 日本 ｜ 48P ｜ 小学中から

文様とは物の表面に装飾された図形のこと。この絵本では日本の伝統的な文様を自然、生きもの、人びととの暮らしで3グループに分けて、名前と由来、形の意味や使い方などを紹介している。武士が武運長久を祈って旗印にした文様、江戸の町人が作った粋で洒落た文様など、文様に込められた豊作や安産の願い、富や長寿へのあこがれなど今も変わらぬ人びとの思いも伝える。巻末には72種の文様の型紙付き。コピーし折り畳んで切ると、美しい「日本の形」が現れ、体験とセットで楽しめる。『こども文様ずかん』の続編。（坂口）

ゆうすげ村の紙すき屋さん

茂市久美子 作　門田律子 絵

講談社 ｜ 2023年 ｜ 読み物 ｜ 日本 ｜ 192P ｜ 小学中から

高校を卒業して公民館につとめていた原田かえでは、ゆうすげ村の親戚の旅館の手伝いをしていて、食器を包んでいた古い和紙に心をひかれる。昔、農家の人たちが、冬の農閑期に山からコウゾを採ってきてすいた「やまが和紙」だと聞き、自分も和紙を作りたいと勤めを辞めて紙すきを習い、山の中にあった小屋を改良して工房を始めた。すると、かえでが作った和紙を求めて、四季折々さまざまな客が訪ねてくる。ちょっと変わった客たちと、かえでの作った和紙をめぐる奇妙な物語が6話収められた短編連作。

「源兵衛山のフクロウ便」では、4月のある朝、工房の戸口にフキノトウとタラの芽がいっぱい入った、アケビのつるで編んだ籠が置いてあった。フクロウの宅配便の新米配達員が間違えて置いていったのだが、それがきっかけで、和紙で作った小物と山菜が、かえでとフクロウの間を行き来する、早春の匂いが香り立つような作品。「魔法の糸」では、仙女の魔法で天の川から下界に下され、花屋の若者と、カエルに変えられたカササギと、妖精のような小さな女の子を、かえでが和紙を使って天界に戻す。「ねがい薬」では、ペルセウス座流星群の流星痕を捕まえる袋をふさぐ紙をすくなど、伝統を復活させた和紙を介して異世界と交感する不思議な話が続く。ところどころでコロナ禍をにおわせながら「やまが和紙」の魔力の由来を「プロローグ」と「エピローグ」で、さり気なく山姥伝説に絡める構成もみごと。（野上）

とねりこ通り三丁目 ねこのこふじさん

山本和子 作　石川えりこ 絵

アリス館｜2019年｜読みもの｜日本｜168P｜小学中から

ネコのこふじは、働いていた広告会社で同僚から仲間はずれにされるようになり、退職して引きこもりになっていた。そんなこふじが、世界旅行に出かける祖母から、とねりこ通りの家の留守番をたのまれる。そして家賃がわりに「月に一度、その月らしい行事をする」という約束をさせられる。仕方なく4月はお花見、5月は衣替え、6月は梅仕事、7月は七夕、8月は花火見物、9月はお月見、10月は栗拾い、11月は七五三、12月はリース作り、1月はお正月料理、2月は豆まき、3月はひな祭り、と行事を行っていくうちに、こふじは、この町のさまざまな動物と出会い、交流するようになる。とねりこ通りに暮らす多様な動物たちの中には、帰国子女、独居老人、さびしさから暴力をふるう子などもいるが、お互いの欠点を補い合いながら暮らしている様子に、こふじも元気をもらう。そして1年たった頃には、いつしかこふじも、伝統的な織物を継承したいと意欲まんまんになっていた。それぞれの月の行事については、ご近所に住むネズミのネズモリによる解説がつき、ネズモリ自身の物語も展開している。最後は、世界旅行から帰ってきた祖母を含め、物語の登場キャラクターが全員出てくるネズモリの結婚式の場面。絵もたくさんついた1章1話の楽しい物語。（さくま）

和ろうそくは、つなぐ

大西暢夫 著

アリス館｜2022年｜NF｜日本｜48P｜小学中から

日本の伝統工芸品である和ろうそくを発端に、さまざまなもの作りの現場と、そこで働く人びとの姿を紹介する写真絵本。和ろうそくは、職人が昔から続く技術で1本1本ていねいに手作りする。その材料のろうはハゼの木の実をしぼって作る。木の実の搾りカスを藍染めの職人が使う。ろうそくを作るときに切り落とした余分なろうも溶かして、また使う。何ひとつ捨てるものはない。人びとは受け取った自然の恵みを大切に使い、最後は土に返して生活してきたのだ。職人の技と知恵、ものを大切にする文化と豊かさを知ることができる。（汐﨑）

日本庭園を楽しむ絵本

大野八生 作

あすなろ書房｜2021年｜NF｜日本｜48P
｜小学中から

日本人は、四季折々の美しい草花や風景を楽しみながら生活をしてきた。その自然の情景を生かした庭園をつくり、美しさを愛でる文化がある。主人公のおじいちゃんが、フランス人のカメラマンに日本の庭のことを紹介する形で描かれた絵本。日本庭園はいつ生まれたのだろう。どんなものがあるのだろう。繊細な線と淡い彩色で細やかに描かれた絵が、日本庭園の楽しみ方、自然と触れ合う日本の文化を伝え、庭を大切に手入れして守ってきた日本人の心も知ることができる。各地の庭園を紹介するマップも付いている。（汐﨑）

風の神送れよ

熊谷千世子 作　くまおり純 絵

小峰書店｜2021年｜読みもの｜日本｜196P
｜小学高から

優斗が住む長野県南部の地域では、「コト八日」という伝統行事が毎年2月8日あたりの寒い時期に行われる。1日目は、夕方から念仏を唱えて村の家々を回り、コトの神（疫病神）を象徴する幣束や笹竹などを集める「コト念仏」。2日目は、集めた幣束や笹竹を村の外に捨てに行き、疫病神を追い出す「コトの神送り」。この行事の準備から実行まですべてを担うのは、村に住む小学3年生から中学1年生までの子どもたち。今回の「コト八日」は、しっかりしている中学1年生の凌が責任ある頭取をつとめ、面倒くさがり屋でたよりないと思われている小学6年生の優斗が年齢順で補佐役をすることになっていた。ところが本番3日前に凌が骨折してしまい、優斗が急きょ代役を務めなければならなくなる。優斗は自信がなく不安でいっぱい。中止になればいいと思ったりもするが、コロナを退散させるためにも行事は実施されることになる。子どもたちが、昔から伝わってきた行事を通して歴史の重みを感じ、老人から話を聞いて地域の一員であることを自覚し、雪やみぞれやけがや言い争いなどさまざまな困難を乗りこえ、助け合ってひと回り大きく成長していく姿が生き生きと描かれている。ちなみに著者は、今も実際に行われているこの行事を見て心を動かされ、物語にしたという。（さくま）

食いねぇ！
お寿司まるごと図鑑
～歴史から寿司種になる生きものまで

阿部秀樹 写真・文　福地亨子 監修
偕成社｜2023年｜NF｜日本｜128P｜小学高から

いまや世界的にも「SUSHI」として知られ和食の代表ともいえる寿司のさまざまな知識が、豊富なカラー写真で紹介されるビジュアル百科事典。寿司の起源は東南アジアで作られた魚などの発酵食品で、それが奈良時代に日本に伝わり、室町時代に飯もいっしょに食べる「飯寿司」が作られるようになったという。寿司種になる魚介類を収穫する漁法や漁場、その養殖や栽培漁業、卸売市場から寿司店への流通とそこで働く人びと。「赤身」「光りもの」「白身」「貝」などに分類された70ページにわたる「寿司種図鑑」は圧巻。（野上）

文様えほん

谷山彩子 作

あすなろ書房｜2017年｜NF｜日本｜48P
｜小学高から

文様とは、「着るものや日用品、建物などを飾りつけるために描かれた模様」とのこと。文様は、縄文時代から土器や人形に描かれていたし、現代でもラーメン鉢や衣服に描かれている。文様のモチーフは、植物、動物、天体や自然などさまざまだし、線や図形を組みあわせた幾何学文様もある。本書は、こうした多種多様な文様を紹介するだけでなく、地図で世界各地の文様の違いや伝播を見せてくれる。文様について楽しく学べる絵本。巻末に文様用語集や豆知識もついている。（さくま）

おいしいものが食べたい！

た

田島征三 作

佼成出版社｜2022年｜絵本｜日本｜32P｜幼児から

大きく「た」と書かれた表紙を開くと、最初は「たがやす」と「たねまく」。作物は「たいよう」の恵みをうけて「たくましく」育つが、作物を食い荒らす虫や動物と「たたかう」うちに、「たわわにみのる」時がやってきて、「たすけあ」って収穫し、「たくわえ」たり、収穫の祭りを「たのし」んだり、「たべ」たりする。出てくる言葉が全部「た」で始まり、「た」は田にもつながっている。耕作から収穫を経て食に至るまでの農業のドラマをダイナミックな絵で表現し、力強い生命のリズムやエネルギーを伝えている。（さくま）

ごはんは おいしい

ぱくきょんみ 文　**鈴木理策** 写真

福音館書店 | 2017年 | NF | 日本 | 80P | 幼児から

ごはんは1粒1粒のお米。お米は1粒1粒の稲の実。ごはんが私たちに届くまでの物語を、おばあちゃんが歌うように語ってくれる写真絵本。「ごはん」は日本の食文化の基本であり、田んぼは原風景。文と写真の見開きが代わる代わる現れる構成で、じっくり味わいながら噛みしめるように読める。詩的な言葉と写真とをあわせ、豊かな余白からも、知識だけではなく、白い湯気のにおいや、田んぼを抜ける風が感じられるようだ。なお、作者はこの本を書いたきっかけに東日本大震災があったと述べている。（広松）

おもち

彦坂有紀、もりといずみ 作

福音館書店 | 2021年 | 絵本 | 日本 | 24P | 幼児から

木版のすばらしさを伝えようと木版工房を始めたふたりによる絵本。「あみの うえに おもちをのせて さあ やこう」。火鉢の網の上にのった四角い餅、丸い餅がふっくらと焼き上がっていく。火鉢の火の暖かさ、ゆっくりとお餅が焼き上がっていく様子を「ちりちり」「ぱりぱり」「ぷう ぷく」など、ふんだんな擬音語、擬態語と、柔らかな色彩の繊細な木版画で描き出す。いそべ餅、きなこ餅、あんこ餅、大根おろしのからみ餅、どれも本当においしそう。思わず手をのばしてお餅を食べようとする子どももいるだろう。（汐﨑）

ありがとう、アーモ！

オーゲ・モーラ 文・絵　**三原泉** 訳

鈴木出版 | 2020年 | 絵本 | アメリカ | 32P | 幼児から

アーモ（おばあちゃん）が作っている夕ごはんのシチューのにおいがあたりにただよと、トントンとドアをたたく音。やってきたのは男の子。つづいて、おまわりさん、ホットドッグ屋さんにタクシーの運転手さん、お医者さん、絵かきさん……しまいに市長さんまでやってきた。みんなにシチューをふるまったアーモのお鍋は、夕ごはんの時には空っぽに。でも、うれしいサプライズが待っていた。コラージュを用いた楽しい絵とお話が、近所同士の思いやりを伝えている。おまわりさんや市長さんが女性なのも新鮮。（さくま）

まどのむこうの くだもの なあに？

荒井真紀 作

福音館書店 ｜ 2020年 ｜ NF ｜ 日本 ｜ 32P ｜ 幼児から

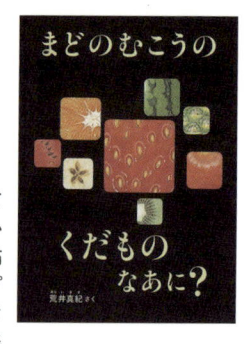

ページにあいた小さな窓から果物の一部がのぞいている。めくると、そこには丸ごとの果物が描かれていて、次をまためくると、今度は半分に切った断面が描かれている。登場するのはイチゴ、メロン、パイナップル、スイカ、ミカン、リンゴ、キウイ、ザクロ。一部だけを見ることによって、ふだんなら気づかない細部の美しさ、不思議さにハッとさせられる。時間をかけてていねいに描き込まれた絵は、みずみずしくて、おいしそう。後ろからページをめくることもできるし、果物が何かを当てる楽しさもある絵本。（さくま）

給食室のいちにち

大塚菜生 文　　イシヤマアズサ 絵

少年写真新聞社 ｜ 2022年 ｜ NF ｜ 日本 ｜ 32P ｜ 小学低から

山川さんは小学校の栄養士。今日の給食のメニューはカレーライス、サラダ、ゼリー。7人の調理員さんたちと協力し、450人分の給食を準備する。小学校の給食室を舞台に、給食が作られる過程を、時間の流れに沿って、コマ割りでいきいきと描いた絵本。巨大な調理器具で大量の食材を調理する様子にわくわくする。調理以外にも、健康チェックや食材の検品、検食等、安全でおいしい給食を提供するために、たくさんの仕事があることもわかる。両見返しには人物紹介と給食室のマップが描かれ、隅々まで楽しめる。（笹岡）

あずき

荒井真紀 作

福音館書店 ｜ 2018年 ｜ NF ｜ 日本 ｜ 28P ｜ 小学低から

あずきといえばあんこ。たいやき、あんパン、おしるこなど、あんこを使ったお菓子はたくさんある。そしてお赤飯にもあずきが入っている。昔から、あずきの赤は、悪いものから守ってくれるおめでたい色と考えられてきた。日本人はそのおめでたい力をもらおうと願って、たくさんのあずきを食べてきたのだ。ささまざまな形で私たちの食生活を支えてきたあずきは、どんな植物なのだろう。あずきの生長の様子をリアルな描写で伝えるとともに、日本の食文化を身近な食材から考えさせる科学絵本。（汐﨑）

おすしやさんに
いらっしゃい！
〜生きものが食べものになるまで

おかだだいすけ 文　遠藤宏 写真

岩崎書店｜2021年｜NF｜日本｜44P｜小学低から

寿司屋を営む著者が、子ども8人の前で、キンメダイ、アナゴ、イカをさばいて、にぎり寿司を作るまでのワークショップを、写真で追っていく絵本。まずは丸ごとの魚の、ひれや目や口の中などをじっくり観察して、海でどのように生きていたかに思いをはせる。さばいていく過程では、胃や腸の中、スミ袋なども取り出して解説。さらに、切ったり焼いたりしてできあがった寿司を、みんなでいただく。ところどころに子どもたちの反応も挟まれて臨場感があり、生きものの命が自分たちの体の一部になることを実感できる。（奥山）

しぶがきほしがきあまいかき

石川えりこ 作・絵

福音館書店｜2019年｜読みもの｜日本｜88P｜小学低から

実りの秋、ちえちゃんは姉兄、両親とおばあちゃんの6人家族総出で庭の柿の実をとることにした。兄が木登りしてもいだ柿は甘い、負けず嫌いのちえちゃんが登った木の柿は、初めて味わう渋い味。泣きだしたちえちゃんに、おばあちゃんがいいことを教えてくれた、柿に魔法をかけたら甘くなると。皮をむいた柿をちえちゃんはハンガーに吊るし、姉は器用に紐にへたの枝を通し、兄は豪快に長い枝に串刺しにして陽に干した。夕日を浴びた柿すだれは、「まっかっか」で美しい。日本の伝統的な保存食作りの仕事を通して、先人たちの知恵の結晶と秋の豊かさを伝える。もうすぐ完成というときに、吊るし柿が何者かにかじられた。その夜、正体を突き止めようと待ち構えていたちえちゃんは、勇気を振り絞って布団から飛び出したが……。翌朝、吊るし柿をほおばるちえちゃんの満面の笑みから、おいしさとうれしさが真っすぐに伝わってくる。

起承転結がはっきりしていて、満足できる結末が安心感を生む。見返し6ページにわたって描かれたパノラマには、ちえちゃんの家や、2本の柿の木、道具を作った竹やぶも描かれていて話の舞台を探し出す楽しみがある。朱色と黒の2色で描かれたあたたかな絵がたっぷり入り、文字組のゆったりとした幼年童話。（坂口）

あめができるまで
～すがたをかえる
たべものしゃしんえほん20

宮崎祥子 構成・文　**白松清之** 写真

岩崎書店｜2021年｜NF｜日本｜40P｜小学低から

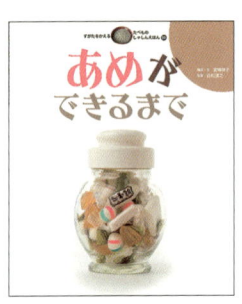

江戸時代、明治時代から続く長野県松本市の3軒の飴屋を取材し、昔ながらの飴づくりの工程をていねいに紹介した写真絵本。手間暇かけて作られていく様子が、豊富な写真で臨場感たっぷりに描かれる。材料は、もち米と水と麦芽のみということにまず驚かされる。煮詰める時間の微妙なあんばいなど、機械には代えられない工程があることもわかり、長年の経験で培われた職人技への敬意が伝わってくる。できあがった飴は、店ごとに色も形も多彩で、どれもおいしそう。巻末には各工程についての詳しい解説もあり、理解を深めるのに役立つ。（笹岡）

干したから…

森枝卓士 写真・文

フレーベル館｜2016年｜NF｜日本｜34P
｜小学低から

食を追求してきたカメラマンがつくった写真絵本。世界各地で見つけた乾燥食品を写真で示しながら、干すことによる食品の変化や、干すことの意味や目的を、わかりやすく説いている。野菜や果物や魚や肉や乳製品は、干すと水分がぬけて腐りにくくなり保存がきくようになるのだが、そこに子どもが興味をもてるよう構成や表現が工夫されている。めざし、梅干しなど乾燥食品を使った日本の典型的な食事や、野菜の簡単な干し方も紹介されている。（さくま）

里山の自然　田んぼの1年

瀬長剛 絵・文

偕成社｜2019年｜NF｜日本｜64P｜小学中から

田んぼの1年の、季節によって様々に姿が変わる自然環境と、米作りにかかわる農作業を詳細に紹介。そこに生息する生きものたちをびっしりと描き込んだ緻密な描写力に圧倒される。里山の春夏秋冬を同じ視点からふかんする場面を挟み、田んぼや草むらや水中や地中に暮らす生きもの、上空を飛び交う昆虫や鳥類の生態までもがリアルに描き込まれる。その数は280余種。巻末に掲載ページ付きの詳細な「田んぼの生きもの図鑑」がある。この豊かな自然環境も、宅地化や農薬使用で見られなくなってきたのが寂しい。（野上）

世界中からいただきます！

中山茂大 文　阪口克 写真

偕成社｜2016年｜NF｜日本｜128P｜小学中から

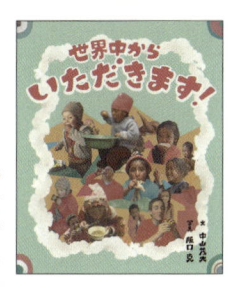

世界各地の普通の家に居候して、家族の素顔や、いつ
もの暮らしを見せてもらい、普通の食事を食べさせて
もらう。そういうふうにして集めたモンゴル、カンボジ
ア、タイ、ハンガリー、イエメン、モロッコなど14カ国の
17家族の生き方が、食を中心に写真とともに紹介され
ている。楽しいレイアウトのおかげで、日本の読者にも親しみやすく読みやすく
なっている。コラムでは、世界の主食や屋台やトイレ、日本から持っていって喜ばれ
たお土産なども紹介されている。（さくま）

しあわせの牛乳

～牛もしあわせ！ おれもしあわせ！

佐藤慧 著　安田菜津紀 写真

ポプラ社｜2018年｜NF｜日本｜175P｜小学高から

岩手県の「なかほら牧場」では、1年中放牧されている
牛が無農薬の野シバを食べ、自然に子どもを産み、山
林と共生している。人間は子牛の飲み残した牛乳をも
らう。牛の健康を犠牲にして効率を重視する「近代酪
農」がほとんどの中、経営者の中洞さんは、「しあわせ
に暮らす牛から、すこやかでおいしい牛乳を分けてもらうほうが、みんなうれしい」
と信じ、困難を乗り越えて山地酪農の道を切りひらいた。信念を貫くすがすがしい
生き方が感動的。（さくま）

本の子*

オリヴァー・ジェファーズ、サム・ウィンストン 作
柴田元幸 訳

ポプラ社｜2017年｜絵本｜イギリス｜32P｜小学低から

物語の世界からやってきた本の子が、言葉の海を渡り、空想の山を越えて、物語世界への冒険に誘う。その風景に目を凝らすと『ドリトル先生航海記』や『ピノキオの冒険』『不思議の国のアリス』など長く読み継がれてきた本の題名があちこちに。物語を彩る活字が、波や山、洞窟を形作る。本の世界では子どもたちは何にでもなれる。どんな冒険もできる。その鍵は想像力。「なぜなら想像力は自由だから」。そんな素敵な鍵を次世代に手渡してゆきたいという願いがあふれている。（神保）

この本をかくして

マーガレット・ワイルド 文

フレア・ブラックウッド 絵

アーサー・ビナード 訳

岩崎書店│2017年│絵本│オーストラリア
│32P│小学低から

町が空爆されて避難する途中で、ピーターが死ぬ間際の父親から託されたのは1冊の本。それは破壊された図書館から借りていた本で「金や銀より大事な宝だ」と父親は言いのこす。鉄の箱に入った本は重たくて、抱えて高い山を登るのは無理だ。ピーターはやがてその本を大木の根元に埋めて隠し、さらに先へと進んでいく。
やがて移住先で大人になったピーターは、戦争が終わると大木の根元から本を掘り出し、故郷の町に戻って、新しく建てられた図書館にその本を置く。本や図書館について考えさせられる絵本。（さくま）

本おじさんの
まちかど図書館

ウマ・クリシュナズワミー 作

長友恵子 訳　川原瑞丸 絵

フレーベル館│2022年│読みもの│カナダ│152P
│小学中から

インドに住むヤズミンは、本おじさんが無料で本を貸している「まちかど図書館」で、毎日1冊ずつ本を借りていた。おじさんはヤズミンにハトの出てくる本を貸してくれ、ヤズミンはその話の意味を考え続ける。ある日、本おじさんに、まちかど図書館を続けるには、市にお金を払うようにという手紙が来る。ヤズミンはそれを阻止しようと知恵を働かせ、クラスのみんなに手伝ってもらって、選挙間近の市長候補たちに本おじさんについての手紙を書く。ヤズミンと友だちとのけんかや、ヤズミンの家族と権威主義的な伯父とのやりとりも描かれ、ヤズミンを通してインドの政治や暮らしを知ることができる。（土居）

貸出禁止の本をすくえ!

アラン・グラッツ 著　ないとうふみこ 訳
ほるぷ出版｜2019年｜読みもの｜アメリカ｜336P
｜小学中から

　9歳のエイミー・アンは、内気な性格で学校では図
書室が居場所。ところが、ある日書架から大好きな
『クローディアの秘密』が消えてしまう。PTA会長の
独断で、子どもたちが好きな本の多くが貸出禁止に
なったのだ。司書のジョーンズさんから教育委員会で
意見を述べてほしいと頼まれ、それまで自分の意見を
主張したことのなかったエイミー・アンが、本を救うために立ち上がる。一方的に
価値観を押しつける大人に自分の想いを伝えることができたとき、事態は大きく動
いていく。（神保）

病院図書館の青と空

令丈ヒロ子 著　カシワイ 装画
講談社｜2022年｜読みもの｜日本｜224P｜小学高から

　父親の仕事の都合で、小学5年生の2学期に隣の市
の小学校に転校した空花。彼女は人一倍読書好きな
のだが、近くに本屋さんも図書館もないし、学校の図
書室も倉庫みたいで本棚にはほこりが溜まっている。
クラスメートは本にまったく興味はないし、なんとなく
怖そうで親しめない。そんな空花が、急性腎炎で入院
することになる。ところがその病院に、小さいけれど素
敵な図書館があったのだ。空花は、そこで前の学校で読んだ名作全集の『長くつ下
のピッピ』を見つけ、ピッピがジンジャークッキーを焼くページを開く。すると、焼き
立てのクッキーの香りがしてきて、挿し絵の端から青い色の服を着た少女が現れ、
空花に話しかけてくる。少女は青い色が大好きで、名前は「アオ」だという。夢なの
かと思うが、次の日に『小公女』の頁を開くとまたアオが現れ、空花は本の中に引
き込まれ、ふたりは物語に出てくる食べものについて熱く語り合う。ちょっと無神経
で口の悪いアオに、『赤毛のアン』『メアリー・ポピンズ』などの物語の中に誘わ
れ、彼女との交流を通して空花の性格も微妙に変化する。空花はずっと病院にい
たいと願うのだが、退院して学校に戻ると、仲よくできないと思っていた級友たち
の優しさや親切に気づかされる。虚実が不明な謎の少女の正体が明らかになる意
外なラストはドラマチックで感動的。（野上）

希望の図書館

リサ・クライン・ランサム 作　松浦直美 訳

ポプラ社｜2019年｜読みもの｜アメリカ｜204P
｜小学高から

舞台は1946年のアメリカ。母親が死去した後、父親と南部のアラバマから北部のシカゴへ引っ越してきたアフリカ系の少年ラングストンは、学校では「南部のいなかもん」とバカにされ、いじめにもあう。そんなとき、だれもが自由に入れる公共図書館を見つけ、そこで自分と同名のアフリカ系の詩人ラングストン・ヒューズの作品に出会い、その生き方にも触れる。本を窓にして世界を知り、しだいに自分の居場所や心のよりどころを見つけていく少年の姿が生き生きと描かれている。随所でヒューズの詩が紹介されているのもいい。（さくま）

戦場の秘密図書館

～シリアに残された希望

マイク・トムソン 著　小国綾子 編訳

文溪堂｜2019年｜NF｜イギリス｜184P｜小学高から

内戦下のシリア南部にあるダラヤは、政府軍に完全封鎖されて激しい空爆を受け、食料や物資が不足していた。その中で、若者たちは破壊された家や瓦礫の中から本を集めて地下に秘密図書館を作り、人びとの心に希望の灯を点していく。英国人ジャーナリストによるドキュメンタリーを、毎日新聞の記者が子ども向けに編集し訳している。内戦下にあるシリアの状況がリアルに伝わるだけでなく、本や図書館の本質的な役割とは何かを考えさせてくれる。「頭や心にだって栄養が必要」という言葉がひびく。（さくま）

6
世の中を見つめる

P150　平和な世界を求めて

P160　もっと知りたいSDGs

P166　社会とモノの仕組みを考える

P170　生と死といのち

ドームがたり

アーサー・ビナード 作
ススギコージ 画

玉川大学出版部 | 2017年 | 絵本 | 日本 | 34P | 小学低から

広島の原爆ドームを主人公に、擬人化されたドームの目を通して原爆の記憶とその後の核社会の恐怖を科学的かつ象徴的に描いた画期的な絵本。原爆投下によって飛び散った目に見えないかけら＝放射能を、ガラスの破片や小さなつぶつぶのように可視化して描き、そこに原発の未来が重なる。人体はもちろん自然全体に拡散して10000年も消えないで残る放射能の恐ろしさを、じっと見つめるドームの眼差しから何を読み取るか。JBBY賞（イラストレーション部門）受賞作。（野上）

なきむしせいとく
〜沖縄戦にまきこまれた少年の物語

たじまゆきひこ 作

童心社｜2022年｜絵本｜日本｜48P｜小学中から

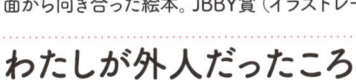

舞台は1945年の沖縄。主人公は「なちぶー」（泣き虫）の8歳のせいとく。当時は太平洋戦争のさなかで、せいとくの父も、中学生の兄も軍隊に召集されていた。やがて島はアメリカの軍艦に取り囲まれて米軍の攻撃を受け、日本軍の暴力にもさらされた島人たちは、ひたすら逃げ惑う。せいとくも片腕を失い、家族も失う。「子どもを怖がらせるためではなく、平和の大切さを願う心を伝えるために」と語る著者が、40年以上取材し、型絵染を使って沖縄戦の真実やその後の基地問題と正面から向き合った絵本。JBBY賞（イラストレーション部門）受賞作。（さくま）

わたしが外人だったころ

鶴見俊輔 文　　佐々木マキ 絵

福音館書店｜2015年｜NF｜日本｜40P｜小学中から

哲学者の鶴見俊輔（1922−2015）は16歳の時にハーバード大学に入学し、3年生の時に収容所に入れられ、そこで卒業論文を完成し、学位を得る。そして、戦争中に日本に帰国し、海軍の志願兵になり、病気になって病院で敗戦を迎える。この経験を振り返り、自分がアメリカでも日本でも「外人」であったと述べる。生きるとは？　戦争とは？　について深く考えさせられる。佐々木マキの抽象的な絵も深い思考を促している。（土居）

ファイアー

長谷川集平 作

理論社｜2020年｜絵本｜日本｜32P｜小学中から

テレビで怪獣映画を見た後、寝つかれぬまま布団に入ったぼくは、消防車と救急車のサイレン音で夜中に目を覚ます。ベランダに出てみると、クラスのかおるちゃんのマンションの辺りが火事で燃えている。翌日クラスの友だちと、家族で体育館に避難しているかおるちゃんを見舞いに行き、マンションから避難するときの恐怖体験を聞く。
火を吹く怪獣と火事の恐怖に戦争のイメージを重ね、ぼくがかおるちゃんからもらったお守りが、まるで平和の護符のようにも読み取れるなど、いろいろ発見のある味わい深い絵本。（野上）

しあわせなときの地図

フラン・ヌニョ 文　ズザンナ・セレイ 絵

宇野和美 訳

ほるぷ出版｜2020年｜絵本｜スペイン｜28P｜小学中から

暮らしていた町を戦争で破壊され、外国に逃げなくては
いけなくなった少女ソエは、机に町の地図を広げて、楽し
い思い出がある場所に印をつけていく。自分の家、祖父
母の家、楽しかった学校、わくわくしながら想像力をふく
らませていた図書館や本屋、いっぱい遊んだ公園、魔法のスクリーンがある映画
館、川や橋……。楽しかった体験を、これから避難していく場所での力にしようと
する少女の心の内を、やさしいタッチの絵で表現している。最初の見開きと最後の
見開きの対比が多くを伝えている。（さくま）

子どもの本で平和をつくる
〜イエラ・レップマンの目ざしたこと

キャシー・スティンソン 文

マリー・ラフランス 絵　さくまゆみこ 訳

小学館｜2021年｜絵本｜カナダ｜32P｜小学中から

戦争で荒れはてた町を、空腹に耐えながら歩いてい
たアンネリーゼは、大きな建物の中でたくさんの本が並んだ場所を発見する。そこ
にいた女性は、子どもたちに本を紹介し、読書の楽しさを教えてくれた。戦後のドイ
ツで、子どもには食べものと同じように本も必要だ、という信念のもとに活動した
IBBYの創始者イエラ・レップマンの姿を、ひとりの少女の目から見た物語として描
く。淡い色合いの絵には、後半から赤い花が次々に出現し、未来への希望を象徴
しているようだ。巻末にIBBYなどについての解説もある。（福本）

かあちゃんの
ジャガイモばたけ

アニタ・ローベル 作　まつかわまゆみ 訳

評論社｜2018年｜絵本｜アメリカ｜40P｜小学中から

戦争するふたつの国の境に住む母親は、ふたりの息
子とジャガイモ畑を守るために高い塀を築き、日常の暮らしを続ける。ところが大き
くなった息子たちは塀の外を知りたくなって出ていき、やがて兄は東の国の将軍
に、弟は西の国の司令官になってしまう。そしてついに両国の軍隊は母親の畑にも
攻め入るのだが、賢い母親はジャガイモを使って戦争をやめさせる。戦争と平和に
ついて考える種をくれる絵本。1982年に出た『じゃがいもかあさん』の、版元と訳
者をかえたカラー版。（さくま）

この計画はひみつです

ジョナ・ウィンター 文

ジャネット・ウィンター 絵　さくまゆみこ 訳

鈴木出版｜2018年｜絵本｜アメリカ｜39P｜小学中から

1945年8月に広島、長崎に落とされたウラン、プルトニウムの2種類の原子爆弾がどのように開発されたのかを、この絵本は語る。第二次世界大戦の最中、ニューメキシコ州の砂漠地帯の学校をどかしてつくられた施設に、世界中から研究者が集められた。そこで何をしているかは、厳重に秘密にされていた。完成した新型爆弾は広大な平原の真ん中で実験された。その爆発までのカウントダウン、炸裂するキノコ雲とそれに続く真っ黒なページが読む者に重い問いを投げかける。（神保）

ヒロシマ 消えたかぞく

指田和 著　鈴木六郎 写真

ポプラ社｜2019年｜NF｜日本｜40P｜小学中から

広島に暮らしていたある一家の記録を、一家の父親が撮りためていた写真をもとに構成し、日本語と英語の文章をつけている。理髪師の鈴木六郎は、妻の笑顔、子どもたちが元気で遊ぶようす、飼っていたネコや犬の何気ないしぐさなど、日常生活のひとこまひとこまを愛情たっぷりに撮影していた。しかし1945年8月6日、原爆が広島を襲うと、一家全員の命がぷつっと絶たれる。作者は広島平和記念資料館でこれらの写真に出会って、一家をよみがえらせる作品にしあげた。いのちや平和について考えるきっかけになる写真絵本。続編『「ヒロシマ 消えたかぞく」のあしあと』は本書の背景をさらに深く浮かび上がらせた読みもの。（さくま）

母が作ってくれたすごろく
〜ジャワ島日本軍抑留所での子ども時代

アネ＝ルト・ウェルトハイム 文　長山さき 訳

徳間書店｜2018年｜NF｜オランダ｜56P｜小学中から

第二次世界大戦下ジャワ島を占領した日本軍は、インドネシア在住のオランダ人を収容所に抑留していた。8歳からの2年間をその施設で過ごした作者が、当時の様子を描いた古いノートの絵とともに、そこでの暮らしをつづる。自由を奪われ、理不尽な生活を強いられる中で、母が国旗で手作りした服やすごろくなどから、愛情を持って家族が支え合っていたことがわかる。世界じゅうの子どもたちに、なぜ二度と戦争してはいけないか理解してほしいと願って、この記録はまとめられた。（神保）

ニッキーとヴィエラ

～ホロコーストの静かな英雄と救われた少女

ピーター・シス 作　福本友美子 訳

BL出版 | 2022年 | 絵本 | アメリカ | 64P | 小学中から

第二次世界大戦直前、イギリス人のニッキーは、チェコスロバキアにいた子どもたちを、迫り来るナチスの魔手から助け出そうと奔走し、669人の子どもをイギリス行きの列車に乗せて命を救った。10歳の少女ヴィエラも救助されたひとり。終戦後ニッキーはそのことを語ることなく静かに暮らしていたが、やがてヴィエラと再会する。チェコスロバキアで生まれ、自由を求めてアメリカに移住した作者による史実に基づいた絵本。絵が語るものをじっくり見る楽しさもあるし、難民が増加している現代にも重なる。（さくま）

靴屋のタスケさん

角野栄子 作　森環 絵

偕成社 | 2017年 | 読みもの | 日本 | 72P | 小学中から

職人の手仕事に興味をひかれる戦時下の少女の気持ちをみずみずしく描いたフィクション。舞台は1942年の東京。小学1年生の「わたし」が住む地域に、若い靴職人のタスケさんが店を出す。少女は放課後になると靴屋に行き、その仕事ぶりに見とれる。極度の近眼のため徴兵を免れていたタスケさんだったが、やがて戦況が悪化すると少女の前から姿を消す。兵隊にとられたのだ。おだやかな日常と、暴力的な戦争の対比が浮かび上がる。（さくま）

平和のバトン

～広島の高校生たちが描いた8月6日の記憶

弓狩匡純 著

くもん出版 | 2019年 | NF | 日本 | 160P | 小学高から

広島の原爆を体験した語り部の話を高校生が絵に表現する、「次世代と描く原爆の絵」プロジェクトを紹介した読みもの。このプロジェクトは、広島平和記念資料館から広島市立基町高等学校の創造表現コースの橋本一貫先生に声がかけられて、2007年に始まった。これまでに、40人の体験者の話を111人が絵に描いている。本書には、語り部の言葉、描かれた絵、描いた高校生が感じたこと、先生の思いがつづられている。若い世代に原爆体験を伝えるユニークな方法を提示し、読者は高校生の視点で原爆体験を知ることができる。（土居）

ホロコーストを生きぬいた6人の子どもたち

キャス・シャックルトン、ゼイン・ウィッティンガム、ライアン・ジョーンズ 作・絵　石岡史子 訳

合同出版｜2022年｜NF｜イギリス｜100P｜小学高から

1933～45年、ナチ・ドイツとその協力者によって、ヨーロッパで約600万人のユダヤ人が殺された。その時代を生き延びた6人の子どもたちに起きた実際のできごとを、すっきりとしたコマ割りの絵で伝える絵本。ユダヤ人として、どれほどの恐怖と悲劇を味わったのか、重いテーマを正面から扱って、同じ子どもの立場から、戦争の悲劇を自分のこととして考える手立てにできる。現在の6人の写真からは生きる希望と幸せが感じられる。充実した用語集は理解を深めてくれる。（坂口）

トンネルの向こうに

マイケル・モーパーゴ 作　杉田七重 訳

小学館｜2018年｜読みもの｜イギリス｜176P｜小学高から

コベントリーの空襲から逃れるため、バーニーと母は汽車に乗る。爆撃をさけようと汽車はトンネルで止まる。暗闇を怖がるバーニーに、同じ客車にいたおじさんが4本のマッチをともしながら、ビリーという親友の戦争体験を語る。ビリーは戦場で勇敢に戦い、多くの勲章を手にし、ベルギーの村で泣いている子どもを救う。そして、ひとりの若いドイツ兵の命も救ったが、その兵士こそがヒトラーだった。実在の人物を題材に、巧みな構成で戦争の恐ろしさと虚しさを描く。おじさんの語りにひきつけられた読者は、物語の力にも気づくしかけになっている。（土居）

アンネのこと、すべて

アンネ・フランク・ハウス 編

小林エリカ 訳　石岡史子 日本語版監修

ポプラ社｜2018年｜NF｜オランダ｜40P｜小学高から

アンネは、ドイツに生まれたが、ヒトラーの脅威にさらされてオランダに移住する。そのオランダにもナチスの影が迫って、隠れ家に身を潜める。しかし、2年後に見つかって強制収容所に連行され、命を落とす。そうした生涯を、写真とイラストをふんだんに使って紹介している。カラーのハーフページには、歴史的な事実や、隠れ家の見取り図や、オランダのナチについての解説など付随情報が載っている。アンネの生涯は、世界じゅうで迫害されている子どもの象徴として記憶にとどめたい。（さくま）

絵で見てわかる

核兵器禁止条約ってなんだろう？

川崎哲 監修　河合千明 イラスト

旬報社｜2021年｜NF｜日本｜112P｜小学高から

2021年1月22日、国家間の取り決めの核兵器禁止条約が発効した。この本では核兵器とは何か、廃棄の仕方、条約発効までの道のり、条約の具体的な内容、被爆国の日本だからこそできることなどについて、イラストや写真を多用して、わかりやすく詳細に紹介する。被爆者の証言も掲載され、具体的に核兵器使用のむごさが伝わる。真実を知って、話し合い、考えを深めて声をあげることが核兵器廃絶への道と説く。社会をこれまでとは違う視点から見直し、より掘り下げて考える手助けになる読みごたえのある読みもの。（坂口）

チャンス

はてしない戦争をのがれて

ユリ・シュルヴィッツ 作　原田勝 訳

小学館｜2022年｜NF｜アメリカ｜352P｜小学高から

ポーランドに生まれアメリカで絵本作家になった作者は、4歳のときに住んでいたワルシャワの家をナチスドイツの爆撃で失い、家族とともにロシア、中央アジア、後にはヨーロッパを転々とさまよう。子ども時代の思い出をつづった文章と絵からは、その旅が戦争、飢え、病、寒さ、迫害の連続で、死や危険といつも隣り合わせだったことが伝わる。生き延びられたことは偶然といってもよかったのだ。思いつきで行動し時に行方知れずになる父親や、懸命に働き、物語を語ってくれる母親の姿も浮かび上がる。（さくま）

少年たちの戦場

那須正幹 作　はたこうしろう 絵

新日本出版社｜2016年｜読みもの｜日本｜222P｜小学高から

シリーズ全体で5000万部を超える「ズッコケ三人組」で人気作家の、戦争をテーマにした短編集。戦争は大人たちがやるもので、子どもは常に被害者となるが、大人たちにまじって、武器を手にして敵と戦った少年たちの4つの物語は、それぞれに心を打つ。日本が近代国家になる過程での内戦や、アジア太平洋戦争下での中国東北部や沖縄戦を舞台に、死を賭けた14歳の少年たちの悲惨な命運は、戦争のむごさを鋭く告発している。（野上）

カメラにうつらなかった真実
～3人の写真家が見た日系人収容所

エリザベス・パートリッジ 文　松波佐知子 訳
ローレン・タマキ 絵
徳間書店｜2022年｜NF｜アメリカ｜124P｜中学生から

第二次世界大戦中の日系人収容所について、3人の
写真家の写真を紹介しながら、その歴史をたどった
読みもの。戦時転住局の依頼を受けたドロシア・ラ
ングは、政府の非人道的な政策を写真に撮ろうとし、検閲を受ける。日本人写真
家・宮武東洋は、マンザナーの収容所に密かにレンズを持ち込んで収容所内を撮
影した。また、アンセル・アダムスは、アメリカに愛国心を持っている日系人という
イメージを伝えようとした。3人の写真の違いが興味深い。（土居）

ファニー～13歳の指揮官

ファニー・ベン＝アミ 著
ガリラ・ロンフェデル・アミット 編　伏見操 訳
岩波書店｜2017年｜NF｜フランス｜174P｜中学生から

ナチスの迫害から逃れ、フランスからスイスに向かう子ども
の集団を率いたファニーは13歳。移動の途中で17歳のリー
ダーが失踪し、彼女が指揮官となる。地図を読み、太陽や
星の位置から時刻や場所が分かるファニーは、次々と襲い
かかる困難に諦めずに立ち向かう。彼女の知性は、フランスでの最初の隠れ家
「子どもの家」の、ひとりで生きていけるようにするという教育方針の賜物でもあ
る。少女が逃避行の間つづり続けた記録を元にした読みもの。原書のフランス版
はヘブライ語原作からの翻訳。（神保）

ヒトラーと暮らした少年

ジョン・ボイン 著　原田勝 訳
あすなろ書房｜2018年｜読みもの｜イギリス｜288P
｜中学生から

ドイツ人の父とフランス人の母の間に生まれたピエロは、両
親とも亡くなるとドイツ人の叔母にひきとられる。叔母はヒト
ラーの別荘で家政婦をしていた。ピエロは、ヒトラーにかわ
いがられ、憧れを抱き、ヒトラーの思想に染まっていく。名前
もペーターに変え、耳の不自由なユダヤ人の親友とは連絡を絶ち、叔母を裏切って
ヒトラーに暗殺計画を密告する。強烈な存在の影響でどんどん変わっていく少年
の姿は恐ろしいが、真の賢さとは何かについて考えさせてくれる。（さくま）

キジムナーkids

上原正三 著

現代書館｜2017年｜読みもの｜日本｜360P
｜中学生から

終戦後に沖縄に帰ってきた小学5年生のハナーは、祖父がハブをとり、砲弾を拾って解体して生計をたてているハブジロー、おならをするのが得意でアメリカの戦闘機による地上攻撃で片手を失った陽気なポーポー、両親を集団自決で亡くし、おばの家のヤギ小屋で寝泊りし、ヤギ語しか話さないベーグァ、アメリカ軍の物資をこっそり持ってきてくれるサンデー少年と、ガジュマルの木に秘密基地を作る。それは、まるでガジュマルに住む沖縄の妖精、キジムナーのようだった。ハナーたちはアメリカ兵の物資を盗もうとしてピストルで威嚇されたり、亡くなった人の骨を拾い続けている元逃亡兵に出会ったり、芸人とお葬式巡りをしたりする。「帰ってきたウルトラマン」のシナリオライターの自伝的作品。会話に沖縄の方言を使い、どんな時にもユーモアを忘れず、命を大切にして生きてきた沖縄の人たちの思いが伝わってくる。（土居）

ある晴れた夏の朝

小手鞠るい 著

偕成社｜2018年｜読みもの｜日本｜206P｜中学生から

日本の児童文学には、広島・長崎の被爆体験を扱い、原爆の悲惨さを描くことを通して戦争の非人道的な不当性を訴えるものが少なくない。しかし、アメリカの視点に立つと見え方が違ってくる。本書では、8人のアメリカ人高校生の討論で原爆投下の是非を論じさせるのだが、アメリカ在住の著者ならではの視点で考えさせられる点が多々あった。当時の日本は、子どもから老人まで鬼畜米英と徹底的に戦うように指導されていたのだから国民全員が兵士であり、戦争で兵士が殺されるのは当然だし、原爆投下は1600万人もの中国人を殺害した日本軍とそれを支持した人々に対する処罰行為であったと肯定する意見や、平和国家の仮面を被って原爆の被害者づらをすることをやめ、正しい歴史認識のもとに中国や朝鮮半島、東南アジアの罪もない人々に謝罪しないと、原爆で亡くなった人々が浮かばれないという中国系少女の意見には、今日的な説得力がある。（野上）

ワタシゴト〜14歳のひろしま

中澤晶子 作　ささめやゆき 絵

汐文社｜2020年｜読みもの｜日本｜128P｜中学生から

修学旅行で広島の原爆資料館を訪れた中学3年生が主人公の、5つの短編が収められている。「弁当箱」は、お弁当を作ってくれない母親を持つ俊介と、見栄えのいいお弁当を作る母親を持つ凛子が、原爆で真っ黒に焦げたお弁当箱を見学する。俊介は、凛子が義理の母が作るお弁当に違和感を抱いていることを知る。「ワンピース」は、みさきが、焦げて血のついたワンピースを見学する。そして、幼い時にママに縫ってもらって一度も着なかった自分のワンピースを思い出す。「くつ」は、優等生の雪人が、派手な靴をはいて修学旅行に参加し、資料館でぼろぼろの靴を見学する。「いし」は、石に特別なこだわりを持つ和貴が主人公。修学旅行の事前学習で、屋根瓦が原爆の熱でどのように変化するのかを実験し、資料館で実際に被災した瓦を見る。最終話「ごめんなさい」は、資料館に入ることができないあかりが主人公。カバーの折り返しに、「渡し事＝記憶を手渡すこと　私事＝他人のことではない、私のこと」と書かれている。悩みを抱える子どもたちが、資料館のモノと出会い、そのモノの持ち主を自分の境遇と比較し、想像することで、原爆の被害を実感を持って追体験する様子が描かれている。（土居）

もっと知りたい SDGs

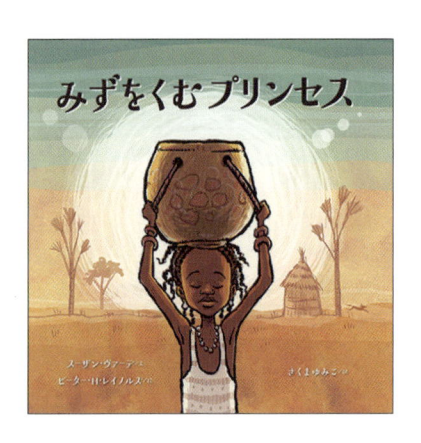

みずをくむプリンセス

スーザン・ヴァーデ 文
ピーター・H・レイノルズ 絵
さくまゆみこ 訳

さ・え・ら書房│2020年│絵本│アメリカ│40P│幼児から

アフリカの乾燥地帯に住むジージーは想像力豊かな女の子。夜空に手を伸ばせば星もつかめそう、草とともに踊り、風とかくれんぼもできる、だからここは私の王国と歌う。でも水だけは想像では湧き出てこない。早朝から長い距離を歩いて母親と水くみに行くのが日課。しかし苦労してくむ水は茶色く濁っている。過酷な日々の中でも「いつのひか　きっと…」という希望は捨てない。アフリカに井戸を掘るプロジェクトを始めたファッションモデル、ジョージー・バディエルの話が元になっており、巻末にその活動が紹介されている。（神保）

車いすの図鑑

髙橋儀平 監修

金の星社｜2018年｜NF｜日本｜80P｜小学中から

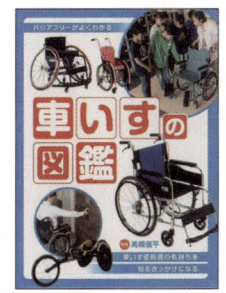

第1章「車いすを知ろう」では、車いすの構造や乗り方、どんな人たちが使うのか、介助の仕方などを説明。第2章「車いすとバリアフリー」では、町の中にあるさまざまなバリア、道路やトイレ、乗りもののバリアフリーのくふう、福祉車両やUDタクシー、ユニバーサルデザイン、車いすスポーツ、補助犬などを紹介。第3章「車いす図鑑」では、日常使われる車いすから、パラスポーツ用車いすまでさまざまな車いすを紹介している。バリアフリー社会を考えるきっかけになる。索引あり。（さくま）

お山のライチョウ

戸塚学 写真・文

小宮輝之 監修

偕成社｜2022年｜NF｜日本｜40P｜小学中から

南アルプスや北アルプスなど、高山に住むむ鳥ライチョウが今、絶滅の危機にさらされている。生態系の変化、地球温暖化の影響などによって彼らを取り巻く環境が日々厳しくなっているのだ。鳥類学者の中村浩志は、ライチョウを日本の山岳における生態系の需要な鍵ととらえ、長年その研究と保護に力を注いできた。そして2013年から始めた高山でヒナを守る「ケージ保護」の成果があがりつつある。ライチョウを通して自然環境を知り、自然との向き合い方を考えることの大切さを訴える記録文学。（汐崎）

はらぺこゾウのうんち

藤原幸一 写真・文

偕成社｜2018年｜NF｜日本｜40P｜小学中から

舞台は赤道近くにある南アジアの熱帯雨林。干ばつで、食べ物も飲み水もなくなったため、野生のアジアゾウが人家の近くに出没。お腹のすいたゾウたちは、ゴミ捨て場で、ビニール袋に入った食べ物や、汚物などもそのまま食べてしまう。中には割れたガラスや鋭いナイフや針金などのゴミもある。付近で発見されたゾウのうんちには、レジ袋がいっぱい混じっていて、その近くには若い雌のゾウが死んでいた。変な人工物を食べたのが原因だったようだ。地球温暖化や開発によって自然環境が失われていく現状を、ゾウのうんちから象徴的に告発する衝撃的な写真絵本。（野上）

減り続ければいなくなる!?
日本サンショウウオ探検記

関慎太郎 写真・文

少年写真新聞社｜2021年｜NF｜日本｜56P
｜小学中から

日本に今、知られているサンショウウオ全45種をクリアな写真で紹介する絵本。遺伝子の研究が進み、同じ種と思われていたものが山ひとつ越えただけで違う種になるなど、発見が続いている。種類ごとの生息場所が日本地図に色分けして示され、狭い範囲に暮らしていることがわかる。水中と陸上で暮らす両生類は、水質とまわりの環境のどちらも保全されないとかんたんに絶滅に追い込まれる。産卵の時ぐらいにしか人前に姿を現さないサンショウウオの愛嬌のある顔のクローズアップに、待ったなしの環境保護を考えさせられる。（坂口）

プラスチック・プラネット
～今、プラスチックが地球をおおっている

ジョージア・アムソン＝ブラッドショー 作

大山泉 訳

評論社｜2019年｜NF｜イギリス｜48P｜小学中から

身のまわりに氾濫するプラスチック製品について考えてみようと呼びかける絵本。プラスチックとは何か、プラスチックの利点と問題点、暮らしの中でどう使われているか、どんなふうに普及してきたか、マイクロプラスチックやマイクロビーズについて、プラスチックごみの野生生物や人体への影響などを、イラストや写真を交えてさまざまな観点から解説し、プラスチックごみがあふれる今、私たちに何ができるかという具体的な案も提示している。見開きで1トピックになっていて、わかりやすい。（さくま）

わたしは女の子だから
～世界を変える夢をあきらめない子どもたち

ローズマリー・マカーニー、
ジェン・オールバー、
国際NGOプラン・インターナショナル 文
西田佳子 訳

西村書店｜2019年｜NF｜カナダ｜96P｜小学中から

アジア、アフリカ、南米などの8人の少女が、困難を抱え
ながらも前向きに生きている様子を紹介した本。18歳未満の結婚や妊娠、天災の
被害、内戦と難民、貧困、教育などの問題が読み取れる。各章末に「ねえ、知って
る?」の欄があり、世界じゅうの女の子にかかわる問題や、現状を変えようとする
多様な活動を紹介している。マカーニーは、国際NGOプラン・インターナショナル
のグローバルキャンペーン Because I am a Girl 立ち上げメンバーのひとり。写真
から女の子たちのパワーが伝わってくる。
（土居）

しまふくろうの森

前川貴行 写真・文

あかね書房｜2020年｜NF｜日本｜48P｜小学中から

闇の中で両翼を大きく広げ、眼光鋭く真っ正面を
見据えるシンメトリックな表紙の写真に、まず圧
倒される。かつては北海道全域に生息していたと
いわれるが、開発によって森も巣になる洞穴のあ
る大木も激減し、一時は100羽以下まで生息数が
減った絶滅寸前のシマフクロウ。昔から、アイヌが
森の神として敬い畏れてきた日本最大のフクロウ
の生態と成長を、北海道の自然環境を背景にヒナの状態から貴重な写真で追う。
絶滅が危惧される森の神の鋭い眼光は、自然を破壊し続ける人間の愚かさを射抜
くようだ。（野上）

絵本で知ろう！ SDGs

止めなくちゃ！ 気候変動
わたしたちにできること

ニール・レイトン 作

いわじょうよしひと 訳

向井人史、大山剛弘 日本語版監修

ひさかたチャイルド｜2021年｜NF｜イギリス｜32P
｜小学中から

「きみは『気候変動』という言葉を聞いたことがあるかな？」という語り口とユーモラスな絵で、地球上のすべての生きものに関わる気候変動について、読者に問題を提起しながら解説する絵本。天気と気候の違い、気候変動とは何か、地球温暖化の原因となる温室効果ガス（二酸化炭素、メタンなど）が増えたのはなぜか、今の地球に何が起こっているのかなど。随所で聞き手の子どもが登場し、質問したり、「わたしたちにできること」を提案したりする。一緒に授業を受けているように思え、楽しく学べる。（代田）

レイチェル・カーソン物語
～なぜ鳥は、なかなくなったの？

ステファニー・ロス・シソン 文・絵

おおつかのりこ 訳　　上遠恵子 監修

西村書店｜2022年｜NF｜アメリカ｜38P
｜小学中から

環境保護運動に多大な影響を与えた『沈黙の春』や、自然とのかかわり方を平易にといた『センス・オブ・ワンダー』で知られるカーソン（1907～1964年）の伝記。幼い頃から豊かな自然が奏でる音に耳を傾け、海洋生物学者になった。観察を続ける中で、農薬が生物の食物連鎖の過程で凝縮され、環境破壊を起こしていることに気づくと、次々と行動を起こす。その勇気ある行いが、今の環境保護運動の発端となった。巻末に「監修者のことば」や関連本の紹介、各ページの絵の詳細な解説もある。（坂口）

もし、水がなくなると
どうなるの？

～水の循環から気候変動まで

クリスティーナ・シュタインライン 文

ミーケ・シャイアー 絵　**那須田淳** 訳

竹内薫 監修

西村書店｜2022年｜NF｜ドイツ｜93P｜小学高から

水にかかわる44項目について、オールカラーの図と合わせて、わかりやすく説明する絵本。水の性質や飲料水と汚水、海洋のプラスチック汚染などを取り上げ、また有害なガスの一部が海水に溶け、海が酸性化し、サンゴが溶ける現象を伝えている。外国資本による水源地の買い占めなども紹介する。地球と人間の未来を守るため、子どもが自分でできる行動の端緒を具体的に伝え、説得力があり、力強い。〔坂口〕

社会とモノの
仕組みを考える

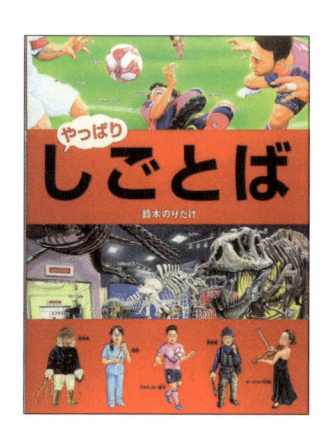

やっぱり・しごとば

鈴木のりたけ 作

ブロンズ新社｜2020年｜NF｜日本｜44P｜小学低から

さまざまな職業の人びとの仕事場を紹介する絵本シリーズの第5弾。今作は、探検家や料理研究家など9つの職業がとりあげられている。恐竜学者の仕事場は、見開きいっぱいにいくつもの道具と、化石をクリーニングする人、マイクロCTスキャナを操作する人などがぎっしり描き込まれている。その仕事ならではの道具を使い、さまざまな分野の人と協力していることがわかる。次のページには仕事の流れと使う道具が紹介され、実際の仕事が具体的にイメージできる。絵にはゆかいなしかけがあって、忍者や探し絵の指令書などをみつける楽しみに夢中になる子どももいる。（坂口）

よるのあいだに…
～みんなをささえるはたらく人たち

ポリー・フェイバー 文　ハリエット・ホブデイ 絵
中井はるの 訳
BL出版｜2022年｜NF｜イギリス｜32P｜小学低から

夕方、女の子の母親が仕事に出かける。ページをめくると、深夜働く人びとが次々に登場する。ビルの掃除をする人、救急救命士、線路工事の人、パンを焼く人……。読者は、夜に仕事をする人びとに支えられて、毎日の生活が送れることに気がつく。絵は空の青の色調の変化で、夕方から夜明けまでの時間の経過を生き生きと伝えて美しい。最後に女の子の母親の仕事がバスの運転手だとわかるしかけになっている。そこで、もう一度初めから見なおすと、各ページにオレンジ色のバスが見つかるのも楽しい。（坂口）

切る道具～はさみ・カッターナイフ

WILLこども知育研究所 編
フレーベル館｜2018年｜NF｜日本｜32P｜小学中から

学校で使う身近な文具を4つの用途に分けて解説する、「文房具を使いこなす」シリーズ全4巻の第2巻。本書では使い方を間違うと危ない「切る道具」を取り上げ、正しく使う方法、失敗しないコツ、切る仕組み、目的に合わせた使い分けなどを説明するとともに、誕生の背景や歴史、江戸時代に生まれた「紋切り遊び」や近年人気の「消しゴムはんこ」の作り方までを紹介し、読者の興味を深める。シリーズには他に「書く道具」「くっつける道具」「はかる・引く道具」がある。（広松）

わたしは反対！ 社会をかえたアメリカ最高裁判事
～ルース・ベイダー・ギンズバーグ

デビー・リヴィ 文
エリザベス・バドリー 絵　さくまゆみこ 訳
子どもの未来社｜2022年｜NF｜アメリカ｜44P｜小学高から

ユダヤ人女性として初のアメリカ最高裁判所判事となったRBG（1933～2020年）の伝記絵本。ルースは、幼い頃から人種や性差別を感じると「反対！」と声をあげ、諦めずに言い続ける強い信念の持ち主だった。結婚し、法科大学院を卒業し、子どもふたりを産み育て、判事になる。差別にきっぱりと立ち向かい、一歩ずつ社会を良くしていった生き方はすがすがしく、読者に勇気を与える。詳しい解説付き。（坂口）

ネットトラブルをさけよう
〜考えよう! 話しあおう!
これからの情報モラル1

藤川大祐 監修

偕成社│2022年│NF│日本│48P│小学高から

情報モラルについて読者と一緒に考えるシリーズ全4巻の1巻目。イラストや写真が多用されてわかりやすい読みもの。読者が実際に直面しやすいインターネット上のうそやデマ、ひぼう中傷、ステルス・マーケティング、ゲームとのつきあい方、課金トラブルを取り上げる。その状況に陥った様子を見開きのマンガで紹介し、実際にあった事例、考えるヒント、具体的な解決法、関係法令を順に説明する。正しい知識を得て判断する力をつけることを目指す。巻末には5年生の情報学習の授業の様子も紹介され、授業のヒントになる。(坂口)

めんそーれ! 化学
〜おばあと学んだ理科授業

盛口満 著

岩波書店│2018年│NF│日本│232P│中学生から

著者が、沖縄の夜間学校で、子どもの時に学校に行けなかった人たちに、身近なものを使った実験を通して化学を伝えようとした全15時間の授業記録。例えば肉じゃがを作って物質変化と化学変化の違いを学び、泡盛などを使って蒸留の実験をする。すると、60代を超えるおばあたちは、戦争中の体験を語り始める。著者自身が生徒から「知っているつもりでじつはよく知らないこと」に気づかされると述べているように、授業を通して化学とは何か、学ぶとは何かについて考えさせられ興味深い。(土居)

「慰安婦」問題って
なんだろう?
〜あなたと考えたい
戦争で傷つけられた女性たちのこと

梁澄子 著

平凡社 | 2022年 | NF | 日本 | 224P | 中学生から

戦時中に日本軍に強制的に性交渉を強いられ、心身ともに傷つけられた慰安婦をめぐる問題解決の運動にかかわった著者が、この事実が問題化される経緯を歴史的に解説した読みもの。日本に住んで日本政府に対して裁判を起こした、宋神道さんと著者との関係が紹介される。続いて、慰安婦たちが余生を送る「ナヌムの家」に暮らす人びとの異なる生き方についても紹介する。運動を通して女性の権利を守り、世界の平和運動につなげる役割を果たした金福童さんのことも語られ、心に残る。(土居)

天皇制ってなんだろう?
〜あなたと考えたい
民主主義からみた天皇制

宇都宮健児 著

平凡社 | 2019年 | NF | 日本 | 224P | 中学生から

現在の日本の天皇制はどのようにしてできてきたのか。現行の憲法および第二次世界大戦以前の憲法で、天皇はどう位置づけられているのかを説明し、現在の天皇制を含む政治のありようを他国と比べながら紹介した読みもの。「日本の天皇制って、すごく古くから続いているんでしょ?」「戦争責任と天皇制が関係あるの?」など、シンプルな質問に的確に回答していく形で展開する。天皇制について考えることは、「私たちの人権や民主主義、自由を考えることにつながっている」という指摘が読者に深く考えさせる。(土居)

生と死と
いのち

きゅうきゅうばこ ＜新版＞

やまだまこと 文
やぎゅうげんいちろう 絵

福音館書店｜2017年｜NF｜日本｜28P｜幼児から

やけどやすりきず、軽いけがをしたときにあわてずできる応急手当を、親子で楽しみながら学べる絵本。作者は有名な小児科医。初版から30年が経ち、処置法を現代医療にあわせ見直した。新版では、消毒せず、ガーゼを当てず、傷を乾かさない「うるおい療法」を説く。世代を越えて親しまれてきたイメージを壊さず、画面全体もリニューアル。線と色はよりビビッドに、デザインも一新。きめ細かく誠実かつ大胆な改訂の成功例。（広松）

つかまえた

田島征三 作

偕成社｜2020年｜絵本｜日本｜32P｜幼児から

「ぼく」はひとりで川へ行き、浅瀬にじっとしている1匹の大きな魚を見つける。そっと近づいたところで、足が滑って水中へ落ちてしまうが、必死に素手でつかまえにかかる。「ぬるぬる」「ぐりぐり」と、手の中で暴れる命の感触が伝わってくる。荒々しい筆致で、かすれや余白の中にも、水や空気や感情がほとばしるようだ。少年と魚の、強く激しく切なくもユーモラスな生命の交感が描かれる。作者の自然の中の原体験が鮮やかに伝わり、読者の体に生命力を呼び覚ます。JBBY賞（イラストレーション部門）受賞作。（広松）

なっちゃんのなつ

伊藤比呂美 文　片山健 絵

福音館書店｜2019年｜絵本｜日本｜28P｜幼児から

お盆の日、ひとりで河原に出かけたなっちゃんが、さまざまな植物や生物と触れ合う。なっちゃんは、くすくす笑うようにかかとにさわってくるクズのつるが好き。丸い目で見つめてくるヒマワリが好き。草の陰からアオサギの動きを見たり、サルビアの蜜を吸ったり、オシロイバナで爪や鼻の頭にお化粧したり。草を吹き抜ける風の心地よさ、蚊に刺された皮膚のかゆさ、ころがるセミの死骸に感じるさびしさ、夕立の驚き。生命に満ちた散文詩のような文と水彩画が、読者の五感と感情を刺激し、豊かな夏の体験を呼び起こす。（広松）

いのちがかえっていくところ

最上一平 作　伊藤秀男 絵

童心社｜2022年｜絵本｜日本｜32P｜小学低から

少年たもんとお父さんの魚釣りの1日。朝焼けの中、エサとなる虫を採り、川の流れに糸を投げ入れ、ようやくかかった魚との格闘。お父さんに励まされながら、さおと網を使って、大きく美しいイワナを釣り上げる。昼になると、お父さんはそのイワナをていねいにさばいて焼いていく。その死の過程を恐れつつも、香ばしいおいしさに、思わず涙がこぼれるたもん。遠くそびえる白い山、青い川、大きな魚、素朴な少年の顔……。迫力ある絵もあいまって、釣りの現場の臨場感と、命の重さに触れた少年の感動が伝わってくる。（奥山）

おじいちゃんのねがいごと

パトリシア・マクラクラン 文

クリス・シーバン 絵　なかがわちひろ 訳

光村教育図書｜2021年｜絵本｜アメリカ｜32P
｜小学低から

鳥好きのおじいちゃんに鳥について教えてもらった
わたしたち。特に弟のミロは、物静かな性格だが、
鳥を見分けられるようになるだけでなく、命について
の深い洞察ができるようになっていた。そんなミロを
おじいちゃんも温かく見守っていた。やがておじい
ちゃんは体が弱っていき、とうとうある日学校から帰
ると、おじいちゃんのベッドは空になっていた。おじいちゃんの死を受け止めたと
き、ミロは空を飛ぶ大きなハクトウワシを見上げて、おじいちゃんが生まれ変わっ
たと確信する。大切な人との死別の中にも希望が感じられる。（神保）

お蚕さんから糸と綿と

大西暢夫 写真・文

アリス館｜2020年｜NF｜日本｜52P｜小学中から

滋賀有数の養蚕地だった集落に、1軒だけ残る養
蚕農家に密着取材した写真絵本。桑を栽培し、カイ
コを育て、マユをとる養蚕は、手間暇かけた一家総
出の仕事。そのマユを煮、人の手で生糸や真綿にし
ていく。かつて養蚕や製糸の仕事は日本の主要産
業だった。老人の表情や手、「お蚕さん」と敬称をつ
けて呼ばれながら命を絶たれる虫たちの写真は厳
かで、自然に近い人間の生活の営みや、人が多数の命を身につけていることを考え
させる。犠牲になった命に対する「虫供養」と、マユから逃げ出した飛べない蛾の
写真が、深い余韻を残す。（広松）

ようこそ！　あかちゃん
～せかいじゅうの家族のはじまりのおはなし

レイチェル・グリーナー 文

クレア・オーウェン 絵

艮香織、浦野匡子 訳・解説

大月書店｜2021年｜NF｜イギリス｜32P｜小学中から

性について科学的に正しい知識をわかりやすく語る絵本。体の性差、受精から出産までのしくみ、双子、人工受精や帝王切開などが正確に描かれているだけでなく、不安に思う子どもの気持ちに寄り添ってあたたかな言葉がつづられている。絵もじつにさまざまな家族の形態や人間を描き分けていて、多様性を知ることで自分の家族と自分にも自然と誇りが持てるようになる。性的被害から子どもを守るために科学的知識を年齢に応じて身につけることは、性の権利として不可欠という、ユネスコの提言に沿って作られている。（坂口）

ネムノキをきらないで

岩瀬成子 作　植田真 絵

文研出版｜2020年｜読みもの｜日本｜160P｜小学高から

主人公の少年「ぼく」が生まれるずっと前から、祖父の家の庭にある立派なネムノキ。「小鳥の贈りものだ」と祖父も自慢していた木を、大きくなりすぎて屋根よりも高くなったから危険なので切り倒すと大人たちが言う。「ぼく」は、なんで切り倒すのかと涙を流しながら反対する。「おじいちゃんはぼくに『いい木だろ』って、何度もいったんだ。それなのに『きる』っていいだした」と「ぼく」は友だちに言う。「きっちゃったの、その木」って友だち。「ぼく」は首を振って「枝をいっぱいきられた」と答える。それだけでも、ネムノキがかわいそうだと思うのだ。かつて動物病院のあった庭に幽霊が出るといううわさなどを挟み、目には見えない数えきれない虫たちや野生動物も、人間に関係なく生まれたり死んだりしている現実に気づかされ、少年の心が痛む。そして、「そういうことを忘れないでいたい」と少年は思うのだ。大好きなネムノキを切ることから、草木や小動物の生き死にに心を痛める小学5年生の少年の、言いたい思いをうまく口に出せないもどかしさがていねいに描写されていて、それが読者の心に響く。子どもたちの抱く、ささやかな疑問や大人世界に対するいら立ちに寄り添い、そのデリケートな感情の機微を細やかに描き出す、2022年の国際アンデルセン賞作家賞に日本から推薦された作家のすばらしい作品。（野上）

自分の力で肉を獲る
〜10歳から学ぶ狩猟の世界

千松信也 著　手塚健陽 絵
旬報社｜2020年｜NF｜日本｜198P｜小学高から

小学生時代に無人島で生きるために何が必要か考えていた著者は、京都の山でイノシシを獲る猟師になった。銃を使わず、わなで動物を捕らえるには、動物との途方もない知恵比べが必要だ。フンの色や折れた枝を見て、猟場を決める。わなのしかけ方、トドメの刺し方、解体方法、食べ方、骨や皮の利用方法まで、カラー写真やイラストとともに詳しく解説する。タイトルは「自分の力で」とあるが、自然の恵みを生む山への尊敬と感謝の念も忘れない。現代の狩猟の世界を伝えながら環境保護についても考えさせる読みもの。（坂口）

長い長い夜

ルリ 作・絵　カン・バンファ 訳
小学館｜2022年｜読みもの｜韓国｜144P｜小学高から

語り手の「ぼく」は、雄カップルがあたためた卵からかえった子どもペンギンのチク。一緒に旅をしているのは、地球最後のシロサイとなったノードン。ノードンは、角を狙う密猟者に家族も友だちも殺され、人間に復讐しようと心に誓っている。そして、子どもペンギンに父親たちの話をしてやり、守り、一緒に戦争を生き延びていく。命について、愛について、さまざまなことを感じさせ、考えさせてくれる寓話。異種交流の物語でもある。巻末に見開きでカラーの絵をいくつも入れるなど、本づくりも斬新でおもしろい。（さくま）

神さまの貨物

ジャン＝クロード・グランベール 著

河野万里子 訳
ポプラ社｜2020年｜読みもの｜フランス｜160P｜中学生から

第二次世界大戦中、森に住む貧しいおかみさんは、森を抜ける列車を神のようにあがめていた。おかみさんはそこから落ちてきた赤ん坊を拾い、夫の反対を押し切って育てることにする。強制収容所行きの列車からユダヤ人の父親によって投げられた赤ん坊は大切に育てられるが、家族は秘密を抱えることになる。一方、ユダヤ人の父親は、収容所で家族と別れ、床屋として働く。おかみさんの部分は昔話のように語られ、ユダヤ人の父親の部分は小説文体で描かれることによって、人を愛する尊さと戦争の恐ろしさが浮かび上がる。（土居）

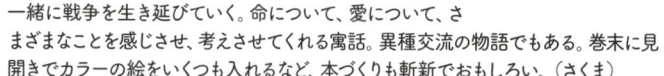

ぼくたちがギュンターを
殺そうとした日

ヘルマン・シュルツ 作　渡辺広佐 訳

徳間書店｜2020年｜読みもの｜ドイツ｜160P｜中学生から

1947年、フレディは仲間たちとともに、難民の子ギュンターの両ポケットにおしっこをして、トロッコに閉じ込め、泥炭を投げつけるというひどいいじめをした。その後、犯人がばれないように、ギュンターを殺そうと仲間のひとりが言いだす。フレディはギュンターと出会って会話を交わすうちに、殺すのはいけないと思いながらもどうして止めればいいいかがわからず、悩む。戦争といじめの暴力のイメージが重なり合うYA小説。だれもが弱さを持っており、同調圧力から逃れられない可能性のあることが実感できる。
（土居）

ラスト・フレンズ

〜わたしたちの最後の13日間

ヤスミン・ラーマン 作　代田 亜香子 訳

静山社｜2021年｜読みもの｜イギリス｜448P｜中学生から

交通事故で下半身まひになったカーラ、敬虔なイスラム教徒でうつ病のミーリーン、母の恋人から性暴力を受けるオリヴィア。16歳の3人は、自殺のパートナーを探すマッチングサイトで知り合う。サイトは自殺予定日を13日後に設定し、共同で取り組む事前課題を与えた。相談し合う中で、3人はついに本心を打ち明けられる友を得たと思い自殺中止を決意。ところがサイトは受けつけず、彼女たちを自殺へと追い込んでいく。困難を抱える少女たちに寄り添い、インターネットの恐怖も伝え、ミステリー仕立てで読者を引き込むYA小説。
（代田）

ふしぎ草子

富安陽子 作　**山村浩二** 絵
小学館｜2023年｜読みもの｜日本｜192P｜小学中から

不思議で怪しく、少し怖い8つの物語を収録した短編集。「ピアノ」の舞台は放課後の小学校。使われていない音楽室からピアノの音が聞こえてくる。野中先生が行ってみると、古いピアノの横に1頭のゾウが。ゾウにうながされ、驚きながらも鍵盤に指をのせると、指が勝手に動きだし、不思議な曲を奏でる。同僚の先生から、古いピアノの鍵盤は象牙製で、ゾウの幽霊がついているという話を聞いた野中先生は、そういえば、あのゾウには牙がなかったと気づく。「猫谷」の主人公、矢島さんはカーナビの表示に従い「猫谷温泉」に向かう。しかし山は深く、道は細くなり、季節はずれの雪まで降りだす。ようやくたどり着いた猫谷温泉の民宿に入ると、主人がコーヒーとホットケーキをふるまいながら、猫谷の地名の由来を語り始める。干ばつで食べものに困った住人が、入ることを禁止されていた山で、取ったそばからまた実がなる「猫梨」という不思議な木の実を手に入れ、飢えをしのいだ。しかし猫梨には毒があり、食べた人は満月の光を浴びるとネコになったという。胸騒ぎを覚えた矢島さんがあわてて外に出ると、猫谷温泉も雪も跡形もなく消えていた。しかし、手には「ホットケーキ（猫梨ジャムぞえ）」と書かれたレシートが残っていたのだった。どの話も、知らぬ間に不思議な世界に足を踏み入れてしまったような、ひやりとする怖さがあり、引き込まれる。怪しげな挿し絵も物語を盛り上げる。（笹岡）

車のいろは空のいろ

ゆめでもいい

あまんきみこ 作　**黒井健** 絵

ポプラ社｜2022年｜読みもの｜日本｜124P｜小学中から

半世紀以上読みつがれてきたシリーズに、新たなこの巻が加わった。空色のタクシーを運転する松井五郎さんが不思議なできごとに遭遇する7話が入っている。このタクシーが乗せるのは、人間だけではない。人間の男の子に化けたつもりで、お金に変えたつもりのイチョウの葉で料金を払う子ダヌキも乗ってくる。そんなときでも松井さんは、だまされたふりをする。動物たちも松井さんを助けてくれる。走ってきた女の子を避けようとあわててハンドルを切ったときは、溝にはまったタイヤを道路にもどすのを、女の子の家族（じつはタヌキの一家）が助けてくれた。心やさしい松井さんは、夜中の公園でブランコから落ちた子どもを見れば、タクシーを停めて駆けつけるが、話しているうちに、遊んでいたのは月の光で人間に変身していた小ネコたちだったとわかる。雪に埋まりそうなぬいぐるみを見つけたときも、運転席から降りて拾い上げ、目立つところに置いておく。すると、後になって、そのぬいぐるみを抱いた親子が乗ってきたりもする。松井さんのタクシーは時空も超える。愛犬を探す男の子を乗せたときは、そのイヌが月の原で仲間と楽しく遊んでいるのを見たのだが、その後、男の子は現実世界では老人で、戦争で飼えなくなった愛犬にどうしても会いたかったのだとわかる。夢と現実のあわいから不思議な世界へ飛び立つことのできる短編集。（さくま）

こいぬとこねこのおかしな話

ヨゼフ・チャペック 作　**木村有子** 訳

岩波書店｜2017年｜読みもの｜チェコ｜208P｜小学中から

森の家で仲よく暮らす、こいぬとこねこの愉快なエピソードを10話収める。もともと作者が幼い娘のために作った連作が、新聞に連載されて人気を博し、チェコでは児童文学の古典となっている。屈託のない子犬とおしゃまな子ネコのやりとりにはなんともほのぼのとした味があり、作者の手になる素朴な挿し絵も楽しい。日本でも1968年の初訳以来、幼年童話として親しまれてきた作品。今回は訳者と版元をかえて文庫化されたが、読んであげれば学齢前から楽しめる。（福本）

科学でナゾとき！
〜わらう人体模型事件

あさだりん 作　佐藤おどり 絵

高柳雄一 監修

偕成社 | 2020年 | 読みもの | 日本 | 208P | 小学高から

科学の知識を盛り込んだ、学校が舞台の物語。小学6年生の彰吾は、自信過剰な児童会長。中学教師の父親が、小学校でも科学実験の指導をするために彰吾の学校にもやってくることに。父親を評価していない彰吾は、学校では家族関係を隠すようにと父親に釘を刺す。ところが彰吾の学校では、次々に不思議な事件が起こる。最初は、理科実験室で人体模型がギャハハと笑ったという事件。生徒たちが脅えているのを知ると、彰吾の父親のキリン先生（背が高くポケットにキリンのぬいぐるみを入れている）は、みんなを公園に連れて行き、準備しておいたホースを使って、実験室の水道管が音を伝えたことを実証してみせる。2つ目は、離島から来た転校生が海の夕陽を緑色に描いて、ヘンだと言われた事件。3つ目は、なくなったリップクリームが花壇に泥だらけで落ちていた事件。最後は、図書館においた人魚姫の人形が赤い涙を流す事件。どれもキリン先生が謎を解き明かし、事件の裏にある科学的事実を説明してくれる。彰吾も父親を見直す。科学知識が物語の中に溶け込んでいて、おもしろく読める。同シリーズ2巻目の「やまんばの屋敷事件」もおすすめ。（さくま）

小さな手
〜ホラー短篇集4

W・W・ジェイコブズ他 著　佐竹美保 絵

金原瑞人 編訳

岩波書店 | 2022年 | 読みもの | イギリス／アメリカ | 290P | 中学生から

3つの願いがかなうサルの手を使った家族の不幸を描いた「猿の手」（ジェイコブズ）、孤独なひとり暮らしの女性のマンションに少女ミリアムが来て女性の心を乱す「ミリアム」（カポーティ）、戦争忌避をした若者が見つけられて処刑された後、墓から出て自分の首を抱えて王に会いに行く「首を脇に抱えて」（コウヴィル）、若い頃、子どもの幽霊と暮らした経験を語る女性の物語「小さな手」（キラ=クーチ）など、8編のホラー短編集。怖さの中に人間の性が描かれている点が共通し、さまざまな語り口が楽しめる。（土居）

きみの存在を意識する

梨屋アリエ 著

ポプラ社｜2019年｜読みもの｜日本｜336P｜小学高から

中学2年生の5人の語りで展開する短編連作。そのモノ
ローグから、ひとりひとりが抱えている、外からは見えにく
い悩みや葛藤が語られ、それらがからみあって登場人物
たちのデリケートな内面や友だちへの想いなどが鮮やか
に浮かび上がってくる。ひすいと拓真は同い年の姉弟。
読書指導に情熱を燃やす担任の女教師は、読んだ本の
読書記録カードの枚数を競わせる。

拓真はむずかしい本もスラスラ読めるのだが、ひすいは教科書を読むのも苦手。そ
れなのに先生は、ひすいが本好きの優等生だと思い込んでいるから悩ましい。男
にも女にも分けられるのを嫌い、自分は自分だと毅然としている少女の理幹は、プ
ライバシーと読書の秘密を守りたいと、カードの提出をかたくなに拒み、担任と対
立する。拓真は、両親と死別して養育里親の養子として、ひすいの家族になってい
るのだが、産みの母親らしい人が現れ困惑する。理幹はサマーキャンプでたまた
ま拓真と一緒になり、なんとなく気が合って拓真の悩みに寄り添う。文字を書くの
が苦手な心桜は、自分が「書字の障害」だといってもだれも真剣に受け止めてくれ
ないまま転校する。優等生を演じ切りたい学級委員長で過食気味の小晴と、化学
物質アレルギーをなかなか理解してもらえない留美奈の特異な交流。さまざまな
負荷を抱えた中学生たちが、それぞれの存在を意識しながら古い価値観とあらが
い葛藤する姿が克明に描かれ心を打つ。JBBY賞（文学部門）受賞作。（野上）

夜叉神川

安東みきえ 作

講談社｜2021年｜読みもの｜日本｜240P｜中学生から

「夜叉神」は人を食う鬼神ともいわれ、人の心に潜む鬼のような気持ちを象徴している。川の流域を舞台に描いた5話の短編集で、物語は川の上流から下流へと紡がれていく。「川釣り」では、中学生の「ぼく」が、塾の人気者、辻くんに渓流釣りに誘われる。釣り場で、生きものの命をいたぶる辻くんの残虐さをとがめると彼の態度が急変し、「おまえを駆除する」とぼくに迫ってくる。川霧が立ち込め不気味な声が聞こえてきたかと思うと、辻くんは逃れるように川に飛び込み、あわや溺れそうになったのをぼくが助ける。辻くんは化けものを見たとぼくに告げる。「青い金魚鉢」では、学校に通えなくなった小学6年生の少女が、自分の部屋にある古い金魚鉢に、意地悪した子の魂を閉じ込める。「鬼が森神社」では、川の支流のほとりにある神社を舞台に、仲よしの同級生が劇団のオーデションに合格するのを願って彼女のライバルに呪いをかける。「スノードロップ」は、連れ合いに先立たれた隣の偏屈なおじいさんが、川の散歩道のベンチで自死しようとしているのを少年と犬が止める。「果ての浜」は、川の近くに住む少年が、沖縄の波照間島で戦争のむごさを知る。だれの心にも芽生える邪悪な気持ちと優しさをていねいにくみとり、ちょっと怖くて不思議な物語に仕上げた文章が秀逸。JBBY賞（文学部門）受賞作。（野上）

見知らぬ友

マルセロ・ビルマヘール 著　オーガフミヒロ 絵
宇野和美 訳

福音館書店｜2021年｜読みもの｜アルゼンチン｜152P｜中学生から

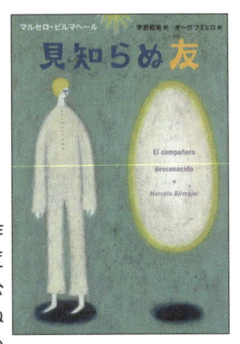

ブエノスアイレスを舞台にした10作の短編集。表題作は、人生の中で窮地に陥ったとき、壮年期までに3度助けてくれる者が現れるが、それ以降現れず、主人公は70歳のいじけた年寄りになる。そして再び見知らぬ友が現れるという物語。少年と床屋さんの強さについての会話がユニークな「世界一強い男」、鑑賞魚を媒介に少年が少女と出会う「ヴェネツィア」のほか、戦争、恋愛やサッカー、旅などの話が入っている。個性的な登場人物が魅力的で、意外な結末が人間関係のありようや人生を考えさせる。JBBY賞（翻訳部門）受賞作。（土居）

索引

あ

アーモンド………103

アイヌのむかしばなし　ひまなこなべ………55

青い月の石………50

あおのじかん………27

赤毛証明………104

アグネスさんとわたし………92

あさがくるまえに………61

明日をさがす旅………113

あずき………140

あずきがゆばあさんと　とら………54

あたしが乗った列車は進む………34

アドリブ………31

兄の名はジェシカ………121

アマゾン川　熱帯雨林・生命の源………12

天邪鬼な皇子と唐の黒猫………86

あめができるまで………142

嵐をしずめたネコの歌………83

あららのはたけ………70

ありがとう、アーモ！………139

アリババの猫がきいている………128

ある晴れた夏の朝………158

アンネのこと、すべて………155

「慰安婦」問題ってなんだろう？………169

イーブン………95

いちご………11

いのちがかえっていくところ………171

いのちの木のあるところ………45

いのる………126

いろいろかえる………60

いろがみえるのはどうして？………25

色どろぼうをさがして………74

イワシ………18

ウィズ・ユー………95

ヴォドニークの水の館………52

うしとざん………46

海のアトリエ………91

うみのダンゴムシ やまのダンゴムシ(増補版)………15

海を見た日………67

うるさく、しずかに、ひそひそと………28

エイドリアンはぜったいウソをついている………92

絵で旅する 国境………34

絵で見てわかる　核兵器禁止条約ってなんだろう？………156

絵本で知ろう！ SDGs 止めなくちゃ！気候変動………164

絵物語　古事記………56

えんどうまめばあさんと そらまめじいさんの いそがしい毎日………130

おいで、アラスカ！………71

オオカミが来た朝………63

オオカミの旅………35

オーケストラをつくろう………28

オオムラサキと里山の一年………21

オール・アメリカン・ボーイズ………116

訂正

本書にて下記の通り誤植がございました。お詫びして訂正いたします。

- P.22『先生、ウンチとれました』
  （誤）中島良一　→　（正）中島良二
- P.51『月の光を飲んだ少女』7 行目
  （誤）幼児　→　（正）13 歳
- P.77『夜フクロウとドッグフィッシュ』2 行目
  （誤）幼児　→　（正）13 歳
- P.110『わたしがいどんだ戦い　1939 年』2 行目
  （誤）幼児　→　（正）6 歳
- P.161『お山のライチョウ』

（正）表紙を開くと、22 種類の「世界のライチョウのなかま」。それぞれの生息地、大きさ、特徴がイラストとともに紹介されている。そのうち世界でいちばん南にすむニホンライチョウが本書の主人公だ。交尾からヒナの誕生と子育て、特別天然記念物としての保護活動を伝える。そして地球温暖化により、ニホンザルやニホンジカがライチョウのすむ高山帯に登ってくるようになって、ヒナやえさとなる植物を食べてライチョウの生存を脅かす事実を明らかにしている。この新たな危機をいち早く伝えようという、意欲にあふれる写真絵本。(坂口)

お蚕さんから糸と綿と………172

岡本太郎………30

おじいちゃんとの最後の旅………80

おじいちゃんのねがいごと………172

おすしやさんにいらっしゃい！………141

おそうじロボットのキュキュ………38

おとうとが おおきくなったら………61

おとなってこまっちゃう………64

おばあちゃんとバスにのって………78

おばあちゃんのわすれもの………79

オマルとハッサン………116

おもち………139

お山のライチョウ………161

か

かあちゃんのジャガイモばたけ………152

カーネーション………65

カイルのピアノ………100

科学でナゾとき！〜わらう人体模型事件………178

貸出禁止の本をすくえ！………146

かせいじんのおねがい………47

風の神送れよ………136

彼方の光………35

カピバラがやってきた………112

神さまの貨物………174

カメラにうつらなかった真実………157

ガリバーのむすこ………114

ギヴ・ミー・ア・チャンス………88

キジムナーkids………158

キズナキス………41

きのこレストラン………9

キバラカと魔法の馬………57

希望の図書館………147

きみの存在を意識する………179

きみは宇宙飛行士！〜宇宙食・宇宙のトイレまるごとハンドブック………48

きみも恐竜博士だ！ 真鍋先生の恐竜教室………44

きゅうきゅうばこ〈新版〉………170

給食室のいちにち………140

キュリオシティ………48

切る道具〜はさみ・カッターナイフ………167

金の鳥………55

金曜日のヤマアラシ………64

食いねぇ！ お寿司まるごと図鑑………137

草木とみた夢………20

草はらをのぞいてみればカヤネズミ………20

靴屋のタスケさん………154

クマが出た！ 助けてベアドッグ………22

熊とにんげん………73

クリスマスのあかり………132

クリスマスの女の子………132

車いすの図鑑………161

車のいろは空のいろ　ゆめでもいい………177

紅のトキの空………65

くろいの………68

黒部の谷の小さな山小屋………13

ゲッチョ先生と行く　沖縄自然探検………23

けもののにおいがしてきたぞ………15

ケンタウロスのポロス………49

こいぬとこねこのおかしな話………177

恋の相手は女の子………121

ゴースト………93

コーヒー豆を追いかけて………127

故郷の味は海をこえて………126

ことばとふたり………29

子どもの本で平和をつくる………152

こども文様じてん………134

このあいだに なにがあった?………42

この海を越えれば、わたしは………63

この計画はひみつです………153

この世界からサイがいなくなってしまう………20

この本をかくして………145

ごはんは おいしい………139

子ぶたのトリュフ………86

小やぎのかんむり………94

これが鳥獣戯画でござる………133

コレットのにげたインコ………69

昆虫の体重測定………19

こんとんじいちゃんの裏庭………81

こんぴら狗………89

さ

サイド・トラック………102

さかなくん………47

桜の木の見える場所………110

里山の自然 田んぼの1年………142

サヨナラの前に、ギズモにさせてあげたい9のこと………87

山賊のむすめローニャ(リンドグレーン・コレクション)………73

しあわせなときの地図………152

しあわせの牛乳………143

詩人になりたいわたしX………31

しぜんのかたち　せかいのかたち………30

自然を再生させたイエローストーンのオオカミたち………21

しぶがきほしがきあまいかき………141

自分の力で肉を獲る………174

しまふくろうの森………163

写真科学絵本　ひとすじの光………13

11番目の取引………114

十二支のお雑煮………131

じゅげむの夏………71

ジュリアが糸をつむいだ日………126

ジュリアンはマーメイド………118

少年たちの戦場………156

ジョージと秘密のメリッサ………119

シリアからきたバレリーナ………114

人生で大事なことはみんなゴリラから教わった………23

すうがくでせかいをみるの………29

スーパー・ノヴァ………94

スクラッチ………74

スクランブル交差点………129

スタンリーとちいさな火星人………61

すてきなひとりぼっち………91

スベらない同盟………76

世界中からいただきます！………143

セカイを科学せよ！………129

せん………27

戦場の秘密図書館………147

先生、ウンチとれました………22

その魔球に、まだ名はない………100

空とぶ馬と七人のきょうだい………62

ソロモンの白いキツネ………113

た

た………138

ダーシェンカ（愛蔵版）………88

たいこ………24

太陽と月の大地………75

たったひとつのドングリが………9

たぬきのたまご………29

たぶんみんなは知らないこと………102

小さな里山をつくる………11

小さな手………178

ちいさなハンター　ハエトリグモ………17

地球のことをおしえてあげる………18

地図を広げて………66

ちゃあちゃんのむかしばなし………55

チャンス………156

蝶の羽ばたき、その先へ………105

チンチラカと大男………53

つかまえた………171

月の光を飲んだ少女………51

つくられた心………40

つちはんみょう………15

つらら………11

つるかめつるかめ………26

天皇制ってなんだろう？………169

動物なぜなに質問箱………21

ドームがたり………150

徳治郎とボク………80

どちらがおおい？　かぞえるえほん………25

とっても　なまえの　おおい　ネコ………83

となりのアブダラくん………127

とねりこ通り三丁目 ねこのこふじさん………135

トラといっしょに………90

泥………41

トンネルの向こうに………155

な

長い長い夜………174

なかよしの犬は どこ?………82

なきむしせいとく………151

夏に泳ぐ緑のクジラ………109

なっちゃんのなつ………171

なつやすみ………131

ナマコ天国………18

なまはげ………133

ニッキーとヴィエラ………154

二平方メートルの世界で………107

日本庭園を楽しむ絵本………136

ネコとなかよくなろうよ………84

ねこの小児科医　ローベルト………85

ねこまたごよみ………133

ネットトラブルをさけよう………168

ネムノキをきらないで………173

ノウサギの家にいるのはだれだ?………56

は

拝啓 パンクスノットデッドさま………66

ハイチのおはなし わたしがテピンギー………53

博物館の少女〜怪異研究事始め………45

走れ!! 機関車………34

はだしであるく………12

#マイネーム………115

はっぴーなっつ………33

母が作ってくれたすごろく………153

パラゴンとレインボーマシン………39

はらぺこゾウのうんち………161

パラリンピックは世界をかえる………108

春くんのいる家………62

ハンカチともだち………69

バンドガール!………39

ヒキガエルがいく………26

人と動物の日本史図鑑1-5………44

ヒトラーと暮らした少年………157

火の鳥ときつねのリシカ………57

秘密の大作戦!フードバンクどろぼうをつかまえろ!………109

秘密のノート………113

111本の木………106

病院図書館の青と空………146

ヒロシマ 消えたかぞく………153

ファイアー………151

ファニー………157

プールのひは、おなかいたいひ………100

フェルムはまほうつかい………13

福島に生きる凛ちゃんの10年………107

ふしぎ草子………176

ふしぎなしっぽのねこ　カティンカ………83

ふたりママの家で………119

部長会議はじまります………103

ふゆとみずのまほう こおり………10

プラスチック・プラネット………162

フラダン………77

ブラックホールって なんだろう？………49

フラミンゴボーイ………35

平和のバトン………154

ペイント………40

ペーパーボーイ………94

へそまがりねこマックス………85

減り続ければいなくなる!? 日本サンショウウオ探検記………162

ベルリン1919／1933／1945………44

へろへろおじさん………33

ほうさんちゅう………14

ポーチとノート………120

ぼくがスカートをはく日………119

ボクサー………115

ぼくだけのぶちまけ日記………110

ぼくたちがギュンターを殺そうとした日………175

ぼくとお山と羊のセーター………16

ぼくのまつり縫い………120

ぼくの弱虫をなおすには………72

ぼくは川のように話す………99

干したから………142

ホロコーストを生きぬいた6人の子どもたち………155

本おじさんの まちかど図書館………145

本の子………144

ま

マイロのスケッチブック………63

マダガスカルのバオバブ………12

まだまだ まだまだ………32

まっくらやみのまっくろ………28

まどのむこうの くだもの なあに？………140

真昼のユユレイたち………50

まめつぶこぞうパトゥフェ………54

まるのおうさま………25

ミイラ学………43

みえるとか みえないとか………99

見知らぬ友………180

みずをくむプリンセス………160

みんなの研究 女子サッカー選手です。そして、彼女がいます………121

みんなのためいき図鑑………70

むこう岸………75

虫のしわざ探偵団………16

メキシコのおはなし おまつりをたのしんだおつきさま………124

目で見ることばで話をさせて………111

めんそーれ！ 化学………168

もうひとつのワンダー………93

もぐらはすごい………19

もしきみが月だったら………48

もし、水がなくなるとどうなるの？
………165

もしも地球がひとつのリンゴだったら
………49

もみじのてがみ………27

森のおくから………16

もりのほうせき　ねんきん………10

もりはみている………8

文様えほん………137

や

夜叉神川………180

野生のロボット………39

やっぱり・しごとば………166

やとのいえ………43

ヤナギ通りのおばけやしき………132

やましたくんはしゃべらない………98

山の上に貝がらがあるのはなぜ？
………43

やまのかいしゃ………131

やまの動物病院………17

ゆうすげ村の紙すき屋さん………134

ゆかいな床井くん………72

夢見る人………30

よあけ………79

ようこそ！　あかちゃん………173

ようこそ、難民！………128

夜のあいだに………92

よるのあいだに…みんなをささえる
はたらく人たち………167

よるのおと………26

夜フクロウとドッグフィッシュ
………77

ら

ライチョウを絶滅から救え………22

ラスト・フレンズ………175

ランカ………125

りんごだんだん………10

ルーミーとオリーブの特別な10か月
………87

レイチェル・カーソン物語………164

レイン………101

ロドリゴ・ラウバインと従者クニルプス
………51

ロビンソン………99

ロンドン・アイの謎………101

わ

わたしがいどんだ戦い　1939年………110

わたしが外人だったころ………151

わたしが少女型ロボットだったころ
………76

わたしが鳥になる日………104

ワタシゴト………159

わたしたちのカメムシずかん………19

わたしたちの権利の物語 難民と祖国
………107

わたしといろんなねこ………84

わたしのかぞく みんなのかぞく
………62

わたしの森に………9

わたしは女の子だから………163

わたしはスペクトラム………108

わたしは反対！ 社会をかえたアメリカ
最高裁判事………167

わたしは夢を見つづける………65

わたしも水着をきてみたい………125

わたり鳥………33

和ろうそくは、つなぐ………135

奥山恵（おくやまめぐみ）

児童文学評論家。児童書専門店HuckleberryBooks店主。
白百合女子大学ほか非常勤講師。JBBY、日本児童文学者協
会、日本児童文学学会会員。

坂口美佳子（さかぐちみかこ）

科学読物研究会会員。「科学の本と体験のキャッチボールを」
をモットーに、科学あそび、小・中・大学の授業、図書館、児
童館職員を対象にした研修会で毎年講師として活動。

さくまゆみこ*

翻訳家、編集者、元青山学院女子短期大学教授。アフリカ子
どもの本プロジェクト（JACBOP）代表。出版社に勤務しなが
ら子どもの本の翻訳を始め、約250点の訳書がある。JBBY前
会長。

笹岡智子（ささおかともこ）

イタリア書籍専門店、板橋区立中央図書館員・ボローニャ絵
本館勤務等を経て、現在は（公財）東京子ども図書館で子ど
もたちへの直接サービスや選書に携わる。JBBY理事。

汐﨑順子（しおざきじゅんこ）

研究者、慶應義塾大学非常勤講師、児童図書館研究会副
運営委員長。子どもの本の研究を行うと同時に、大学で「児
童サービス論」を教える。JBBY理事。

代田知子（しろたともこ）

日本子どもの本研究会会長。埼玉県三芳町立図書運営相談
員（元館長）。図書館、小、中学校等で行う本を手渡す実践を
通し、子どもの本と読書推進の研究に努める。JBBY副会長。

*は本書編集委員

神保和子（じんぼうかずこ）

家庭文庫子どもの本の家主宰。中央大学非常勤講師（児童サービス論）。図書館や幼稚園などで絵本やわらべうた講座の講師を務める。日本子どもの本研究会理事、元JBBY理事。

土居安子*（どいやすこ）

大阪国際児童文学振興財団（IICLO）理事・総括専門員。児童文学研究者。2018年と2020年の国際アンデルセン賞の国際選考委員。JBBY専務理事。

野上暁*（のがみあきら）

本名・上野明雄。小学館に勤務し、『小学一年生』編集長、児童図書担当部長、取締役、小学館クリエイティブ代表取締役社長を歴任。日本ペンクラブ常務理事。JBBY副会長。

広松由希子（ひろまつゆきこ）

絵本の文、評論、翻訳、編集、展示企画を手がける。ボローニャやブラチスラバなどの国際絵本コンクールで審査員を歴任。元ちひろ美術館学芸部長。JBBY副会長。

福本友美子（ふくもとゆみこ）

調布市立図書館司書、立教大学兼任講師、国際子ども図書館非常勤調査員などを経て、現在は子どもの本の翻訳、研究に専念。元JBBY理事。

本田まゆみ（ほんだまゆみ）

三芳町立図書館司書。図書館内外のおはなし会、町内全ての小学校へのブックトーク訪問を担当。ブックトークの講師も務める。日本子どもの本研究会会員。

宮川健郎（みやかわたけお）

大阪国際児童文学振興財団（IICLO）理事長。武蔵野大学名誉教授。児童文学研究者。元JBBY副会長。

おすすめ！子どもの本
新しい時代をつくる350冊

2024年11月17日　初版第1刷発行

編　日本国際児童図書評議会（JBBY）

発行人　野村敦司
発行所　株式会社 小学館
〒101-8001 東京都千代田区一ツ橋 2-3-1
編集 03-3230-5628
販売 03-5281-3555

印刷所　萩原印刷株式会社
製本所　株式会社 若林製本工場

ブックデザイン　タカハシデザイン室
企画・編集協力　さくまゆみこ・土居安子・野上暁
装画・挿絵　降矢なな